반려식물 난초 재테크

목차

들어가며

불확실한 미래, 난초로 준비하라

우리 사회를 한마디로 정리하면 '불확실'이라고 할 수 있다. 어떤 것도 명확하게 예측하기 힘든 시대에 살고 있는 것이다. 인공지능을 장착한 4차 산업혁명은 인간의 삶을 편리하게 해주지만 그 이면에는 불확실이 자리하고 있다. 인간의 일자리는 끊임없이 위협받고 있고, 실제 많은 사람들이 일자리를 잃고 있다. 여기에 더해 코로나 팬데믹은 더욱 삶을 힘겹게 한다. 가정 살림의 근간이 흔들리고 마음도 피폐해지고 있다. 백신을 맞으면 상황이 나아질 거라 기대하지만 변이 바이러스라는 복병이 알 수 없는 불안감을 만들고 있다.

마음이 지치고 힘들 때 우리는 다양한 방법을 찾게 된다. 그 중에 인간의 마음을 편하게 만드는 녹색 식물에 대한 관심이 높아지고 있다. 답답할 때

반려식물 난초 재테크

4

올려다본 하늘이 주는 위로가 크며, 푸른 산과 바다는 보는 것만으로 스트레스가 날아간다. 하지만 원하는 상황과 시간에 자연과 함께할 수 없는 게 우리의 현실이다. 그래서 식물을 집안으로 들여와 함께하는 사람들이 많아졌다. 대형 인터넷 쇼핑몰에 '식물' 카테고리가 형성되고, 반려식물이라는 개념이 등장했다. 시장 규모도 급성장하고 있는 것이 현실이다.

이러한 때 반려식물을 키우며 재테크도 가능한 작물이 있다. 바로 난초다. 난초는 정서적인 부분과 경제적인 측면 두 마리 토끼를 잡는 데 매우 효과적이다. 현대인의 지친 마음을 위로해줄 뿐만 아니라 고수익을 올릴 수 있게 해준다. 실제 많은 사람들이 난초로 자산가가 되기도 하고 월급을 받는 것처럼 따박따박 돈을 벌고 있다. 필자는 난초로 석사, 박사, 신지식인, 대한민국 명장이 되었고, 현재 안정적인 삶을 살아가고 있다. 노후도 탄탄하게 준비되어 있다.

난초는 정서적, 경제적인 부분 외에도 많은 이점이 있는 작물이다. 하지만 많은 사람들이 난초에 대해서 잘 모르고 있다. 학교 다닐 때 교과서에서 배운 사군자의 하나 정도로 알고 있다. 그래서 이 책을 집필했다. 난초가 얼마나 가치 있고 우리에게 많은 유익을 주는지 알려주고 싶어서 책을 쓴 것이다.

1장에서는 난초의 의미와 가치에 대해 이야기했다. 또한 난초는 정부에서 주도하고 있는 도시농업의 작물이라는 것을 알려준다. 뜬구름 잡는 재테크가 아니라 정부에서 인정하고 있는 재테크 수단이라는 것을 설명하고, 실제 난초를 키우면서 월급처럼 돈을 벌고 있거나 이를 준비하고 있는 사람을 소개했다.

2장에서는 난초가 반려식물로 어떤 이점이 있는지를 이야기했다. 특히 아파트 베란다에서도 난초를 길러 어떻게 수익을 창출할 수 있는지를 소개하는 데 초점을 맞췄다. 베란다에서 난초를 길러도 충분히 월 100만 원 벌이가 가능하다는 점을 소개했다.

3장에서는 난초에 대한 전반적인 배경지식과 정보를 이야기했다. 우리나라에서 자생하는 난초인 한국춘란의 구조와 특성뿐만 아니라 재테크에 성공하기 위해 알아야 할 요소들을 풀어냈다.

4장과 5장에서는 베란다에서 어떻게 난초를 길러서 수익을 창출할 수 있을 것인지, 기본적인 배양정보와 기술을 이야기했다. 난초가 필요로 하는 먹이와 건강하게 키우는 방법을 설명했다. 책에서 이야기하는 부분만 잘 따라 해도 수익창출을 할 수 있도록 했다.

6장과 7장에서는 베란다 농사로 어떻게 하면 월 100만 원을 벌 수 있을지 다양한 매뉴얼을 제시했다. 실패 사례와 성공 사례도 곁들여 초보자가 성공할 수 있는 정보와 지식을 이야기했다. 이것만 잘 지킨다면 누구나 난초로 의미 있는 결과를 만들어낼 수 있다.

난초는 분명 반려식물과 재테크로서의 장점이 충분한 작물이다. 하지만 대충 준비하고 시작해서는 곤란하다. 시작하기 전에 충분히 공부하고 교육도 받고 시작해야 실수가 줄고 실패하지 않는다. 이 부분은 다산 정약용의 말로 대신하려고 한다. 다산은 둘째 아들 학유가 양계로 삶을 유지하려고 할 때 편지로 이렇게 조언했다.

"네가 닭을 키운다는 소식을 들었다. 양계는 좋은 농사다. 양계에도 등급이 있다. 품위 있고 저속한 양계와 청결과 불결의 닭 키우기가 있다. 농서(農

書)를 제대로 읽어 양계를 해야 한다. 닭을 색깔과 종류로 구분해보고, 닭장에 홰를 설치해보고, 다른 사람의 닭보다 더 번식력이 좋고, 살찌게 해야 한다."

다산은 학유에게 이익만 좇지 않기를 당부했다. 기르는 일에만 치중하여 즐거움을 찾지 못할 것도 경계했다. 양계쟁이가 되지 않도록 당부에 당부를 거듭했다.

필자도 다산과 같은 마음으로 이 책을 썼다. 난초가 지닌 의미와 가치를 난초를 키우는 사람이 제대로 느끼고 경험하면 좋겠다. 돈도 벌고 치유도 경험하면서 마음과 삶이 윤택해지기를 기대한다. 불확실한 미래를 준비하는 데 난초만한 것이 없다고 필자는 자부한다.

난초 명장 이대건 씀

Part 1

난초가 뭔데
월 100만 원을
번다고?

부업을 찾고 있는 당신, 난초를 만나라

돈 벌기가 어려운 세상이다. 버는 것도 어려운데 버는 것에 비해 물가상승 그래프는 급격하게 상승곡선을 그리고 있다. 평생직장이라는 말도 사라지고 있다. 10년이면 강산이 변한다고 했지만 지금은 3개월 주기로 세상이 바뀌니 직업도 빠르게 변하고 있다.

돈 벌기가 어렵다 보니 여기저기서 재테크, 투자, 부업에 관심이 많다. 주위에서 들리는 소문에 누구는 부동산으로, 또 어떤 사람은 주식으로 돈을 벌고 있다고 한다. 비트코인이라는 말조차 생소한데 코인에 투자해 얼마를 벌었다는 말을 들으면 힘이 빠지기도 한다. 나에게는 일어날 수 있는 일이 아니라는 포기 같은 절망은 삶을 더 힘들게 한다.

지치고 힘들 때 사람의 생기를 돋게 하는 것은 자연이다. 푸른 하늘, 산과 들은 잔뜩 긴장하고 독기 오른 마음을 가라앉게 하는 안정제다. 녹색의 물결에 묻히면 나도 모르는 사이에 무장이 해제된다. 사람은 작은 민들레 꽃 한 송이에서 삶의 희망을 보고 위로를 얻는다. 이것이 자연 안에 깃든 능력이다.

무심코 지나칠 수 있는 자연에 관심을 가지면 치유하고 회복하는 능력이 내 것이 될 수 있다. 그리고 자연 속에 서식하는 식물을 통해 돈 벌기도 가능하다면 한 번쯤은 도전해볼 가치가 있을 것이다. 실제 식물로 짭짤한 금액의 돈을 버는 사람들을 주변에서 많이 볼 수 있다. 그 이야기를 알리는 소식지가 부족하고 재미 본 사람들이 쉬쉬해 모르고 있을 뿐이다.

많은 사람들이 열심히 일해도 나아지지 않는 현실에 일확천금을 꿈꾸기도 한다. 하지만 평범한 대부분의 사람들은 지금 수입에 작게라도 보탬이 되도록 부수입이 될 만한 일을 원하는 경우가 많다. 재능이 없거나 일할 여건이 안 되는 사람들은 더욱 작게라도 돈벌이가 되는 일에 목이 마를 수 있다. 그 일이 마음의 힐링도 주고 수입도 준다면 당신은 어떤 선택을 하고 싶은가?

아마 한 번쯤 그것이 무엇인지 귀를 기울여보고 싶은 마음이 들 것이다. 실제로 그런 식물이 있다. 마음의 힐링과 적지 않은 수입을 안겨주는 것은 바로 한국춘란, 난초이다. 난초라는 말을 학교 수업시간에 사군자로 배운 것이 전부인 사람에게는 뜬금없는 이야기일 수 있다. 검은 먹물을 찍어 붓으로 그린 그림 속의 난초로 돈 벌기가 가능하다는 말이 황당할 수 있다.

그러나 춘란 시장은 일반사람들이 생각하는 것보다 꽤 크다. 수출도 된다. 독창적이고 원예성 있는 난초는 중국, 일본으로 불티나게 팔린다. 중국시장 규모는 어마어마하다. 현재 미국으로도 시장이 확장되고 있다. 어떤 품종은 없어서 못 판다. 춘란이라는 용어가 생소하지만 이미 세계적으로 시

장이 형성돼 있다.

난초가 부업이 될 수 있다는 사실을 오늘 처음 들었다면, 그 길을 가고 있는 사람의 말에 귀를 기울여보면 해답을 찾을 수 있다. 난초는 엄연한 농업이다. 베란다에서 키우면 도시농업이 된다. 베란다에서도 난초를 길러 연 100만 원의 출하 증명만 되면 농업인의 지위를 받는다. 필자도 난초로 학, 석, 박사 학위를 받았다. 그리고 농업분야 명장이 되었다. 한국춘란 난초로 성공했다는 소리를 듣고 있다.

난초로 부수입을 얻든지 못 얻든지 난초를 만나면 또 다른 세상을 보는 눈이 열린다. 우리 선조와 선비들이 왜 그리 난초를 아끼고 사랑했는지 그 이유를 알게 될 것이다. 그것만으로도 가치 있는 일이 될 수 있다. 그러니 부업거리를 찾고 있는 당신, 난초를 만나라. 그러면 새로운 세계가 열리는 황홀한 경험을 하게 될 것이다.

한국춘란에는 민족의 혼이 담겨 있다

오랜 시간이 흘러도 변하지 않는 것들이 있다. 어렸을 때 어머니가 해준 특별하지 않은 음식의 맛을 잊지 못하는 것처럼 자신도 모르게 몸과 마음에 배어든 것이 우리 안에 있다. 우리의 유전자 속에 스며들어 삶의 결을 만들어내는 것이다.

봄이면 누가 권하지 않아도 자연스레 매화(梅) 꽃에 반한다. '한 송이 국화꽃을 피우기 위해 봄부터 소쩍새는 그렇게 울었나 보다'라는 서정주의 〈국화 옆에서〉 시구만 들어도 마음이 뭉클하다. 혹독한 겨울, 눈보라 속에서도 견디고 견디다 끝내 꽃망울을 터뜨리기 때문이다. 어디 그뿐인가? 사시사철 푸른 대나무(竹)는 굳건함의 상징이 되었다. 사계절 내내 푸르름을 간직하다 봄에 향기로운 꽃을 피우는 난초(蘭)도 절개와 굳건한 마음을 대변한다. 우리 안에 저절로 배어들어 마음을 설레게 하는 것이다.

위 네 가지를 사군자(四君子)라고 한다. 자신의 뜻을 굽히지 않는 지조와

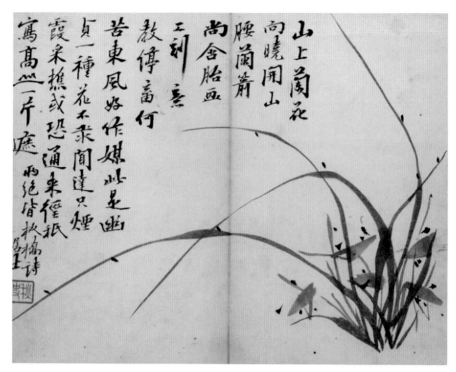

그림 2. 추사 김정희의 산상난화(山上蘭花)

절개를 덕목으로 삼아 살아가는 군자와 비슷한 성격을 지녔다고 해서 붙여진 이름이다. 그래서 예로부터 많은 사람들이 사군자를 소재 삼아 그림을 그리고 시를 지음으로써 삶을 이야기하고 인생의 성찰을 담아냈다.

그중에서도 난초는 우리 민족의 혼이 담겨 있는 식물이라고 해도 좋다. 영전(榮轉)한 사람들을 축하할 때 난초를 선물하는 것만 봐도 알 수 있다. 얼마 전에도 대통령이 국무총리에 오른 분에게 선물로 난초를 보낸 뉴스를 본적이 있다. 난초가 청렴과 인내, 고귀함, 그리고 충성심과 절개의 상징으로 대변되기 때문이다. 난초가 지닌 특성을 바탕삼아 국민에게 봉사하라는 의미다.

조선시대의 문인들도 사군자로 선비정신을 이야기했다. 대부분 매, 난, 국, 죽 순서로 이야기한다. 계절을 순서로 매겨 이야기하지만 사군자 화(畵)를 배울 때는 난, 국, 매, 죽의 순으로 한다고 한다. 난초의 생김새가 한자의 서체와 닮은 점이 많아서이다. 그림과 시에 능통한 추사 김정희는 난초에 대한 사랑이 많았다. 그가 한 말을 보면 알 수 있다.

"난초 그리는 법은 예사 쓰는 법과 가까우니 반드시 문자의 향기와 서권의 기미가 있는 연후에 얻게 된다. 또 난초 그림의 법은 화법이라는 것을 가장 꺼리니 만일에 화법이 있으면 한 붓도 그리지 않는 것이 가하다."

난초를 그릴 때 정해진 화법에 얽매이지 말고 난초의 향기와 가치를 먼저 안 후에 그리라는 의미다. 난초가 지닌 매력과 가치를 이야기하는 것이다. 난초는 선의 미학이 돋보이며, 특히 향기와 꽃과 잎을 함께 감상하는 매력이 있어 사군자 중 으뜸으로 친다.

우리는 이유를 알지 못하고 무심결에 뭔가를 행할 때가 있다. 삶 속에 담겨 있는 난초의 의미와 가치를 제대로 알지 못하면서, '그냥 선물하니까', '그냥 키우니까'라면서 난초를 생각하는 것은 아닌지 모르겠다.

춘란은 자연 야생에서 살던 것에만 의미와 가치를 부여한다. 씨앗이 발아돼 땅에 떨어져 6~7년의 세월을 견뎌야 생강 한 촉이 형성된다. 그렇게 발아된 생강 촉 수천, 수만 개 중 변이가 일어난 것 한 촉이 인간에게 온다. 또 거기에서 원예성을 인정받은 것만이 가치를 부여받아 우리와 호흡하며 살아간다.

　손쉬운 조직배양 춘란은 제아무리 아름다운 흉내를 내어도 자연의 숨결
이 고이 배어 있질 않아 아류로 취급한다. 풍란이나 다육식물처럼 플라스크
에서 인간의 선택으로 탄생한 것들과는 사뭇 다른 정신적 세계이다. 난초는
"그냥"이라는 말을 하기에는 그것이 갖는 의미와 가치가 분명한 식물이라
는 것이다. 난초와 가까이 하고 싶다면 그 의미와 깊이 정도는 인식하고 시
작하면 좋겠다. "옛것은 소중한 거야"라는 고리타분한 말로 생각하지 않길
바란다. 난초에는 우리의 과거와 현재가 공존하며, 우리 삶 깊숙한 곳에서
함께 숨을 쉬고 있다.

　난초 시인으로 유명한 가람 이병기는 '난초'라는 시조를 통해 이렇게 노
래했다.

1

한 손에 책(冊)을 들고 조오다 선뜻 깨니

드는 볕 비껴가고 서늘바람 일어오고

난초는 두어 봉오리 바야흐로 벌어라

2

새로 난 난초 잎을 바람이 휘젓는다

깊이 잠이나 들어 모르면 모르려니와

눈 뜨고 꺾이는 양을 차마 어찌 보리아

산뜻한 아침볕이 발 틈에 비쳐들고
난초 향기는 물밀듯 밀어오다
잠신들 이 곁에 두고 차마 어찌 뜨리아

3
오늘은 온종일 두고 비는 줄줄 나린다
꽃이 지던 난초 다시 한 대 피어나며
고적(孤寂)한 나의 마음을 적이 위로하여라

나도 저를 못 잊거니 저도 나를 따르는지
외로 돌아앉아 책을 앞에 놓아두고
장장(張張)이 넘길 때마다 향을 또한 일어라

4
빼어난 가는 잎새 굳은 듯 보드랍고
자줏빛 굵은 대공 하얀 꽃이 벌고
이슬은 구슬이 되어 마디마디 달렸다

본디 그 마음은 깨끗함을 즐겨하여
정(淨)한 모래 틈에 뿌리를 서려 두고
미진(微塵)도 가까이 않고 우로(雨露)를 받아 사느니라 난초가 가진 외적인 모습뿐만 아니라 내적인 아름다움과 의미를 시인은 정확히 봤다. 그랬기에 한평생 난초를 노래하고 난초를 키우는 즐거움을 누리며 살 수 있었다. 가람 이병기의 인생 복 중 으뜸은 난초를 만난 것이라고 하니 난초가 그의 인생에 얼마나 지대한 영향을 끼쳤는지 알게 한다.

필자가 간절히 바라는 목표이기도 하다. 한 사람이라도 난초의 가치를 알아봐주는 것과 더불어 경제적인 도움이 되는 것이다. 인정하든 인정하지 않든 우리 가슴에는 난초에 대한 민족혼이 고스란히 담겨 있다.

도시농업이 뜨고 있다

집을 구하는 데서 요즘은 역세권이라는 말보다 '숲세권'이 중요한 요소가 되고 있다. 주변 환경이 얼마나 자연 친화적이고 자연 환경과 가까운지가 집값을 결정하는 시대다. 집과 인접한 녹지 공간이 수익창출에 직결되는 부분이 커서 점점 중요성을 인식한 것이다.

개발이 슬로건이 되었던 시대에는 자연보다는 더 많은 건물과 아파트를 짓는 것이 가장 큰 목표였다. 끝도 없이 펼쳐진 아파트촌 건설과 도시화는 대한민국의 자랑이었다. 그러나 그리 길지 않은 시간이 흘렀음에도 우리는 뭔가를 잃어버렸다는 사실을 깨닫게 되었다. 도시화되면서 사라진 자연 환경을 그리워하고 돌아가기를 원하는 향수병이 있음을 알게 된 것이다.

자연을 떠난 인간의 삶에는 삭막함이 자리한다. 정서적인 여유마저 앗아간다. 갈수록 치열하고 빠르게 변하는 경쟁사회에 지쳐 마음 편하게 쉴 곳을 그리워한다. 그것을 이미 간파한 세계적인 대문호 요한 볼프강 폰 괴테는 "자연과 멀어지면 질병이 가까워진다"고 했다. 그래서 그는 자신의 집에 키친 가든(Kitchen Garden)을 가꾸었다. 식물을 키우며 시와 소설을 쓰고 먹을거리도 챙겼다.

시대를 읽어낸 지혜로운 지자체 중 자연 풍광이 자산인 곳에서는 둘레길을 만든다. 경치가 수려하고 초록이 우거진 곳에 둘레길을 만들어 삶에 지친 사람들을 불러모은다. 도시 생활에 지친 현대인들은 시간이 나면 스스로 둘레길을 찾아 오랜 시간 자연을 벗삼아 걷는다. 그저 보고 걷는 것만으로 사람을 치유하는 힘이 자연에 있기 때문이다.

요즘, 주변에 자연 환경이 없고 갈 시간이 없는 사람을 위해서 자연을 베란다로 들여놓는 사업이 인기다. 코로나라는 상황과 맞물려 화초를 키우고 야채나 과일채소를 집 안에서 키우려는 사람이 그 어느 때보다 늘어나고 있는 것이다. 이런 일련의 과정을 '도시농업'이라고 한다. 도시에서 농업적인 활동을 하는 것이다. '도시농업의 육성 및 지원에 관한 법률(약칭: 도시농업법)'이 제정돼 정부가 도시농업을 주도하고 있다. 자연친화적인 도시환경을 조성해 사람과 자연이 조화롭게 공생해 정신적인 풍요로 삶의 질을 향상시키려는 것이다.

초창기 도시농업의 목적은 건강한 먹거리 생산에 있었다. 그래서 건물 옥상이나 자투리땅에 텃밭을 가꾸고 농산물을 길렀다. 아파트 베란다에서도 채소를 기르며 내 손으로 가꾼 농산물을 밥상에 올렸다. 특히 농약과 화학비료를 사용하지 않고 유기농으로 길러 가족에게 먹이는 것을 자랑스럽게 여겼다.

그러다가 사람들은 식물로 생활공간을 쾌적하게 만드는 것에 관심을 갖

그림 3. 베란다 도시농업의 현장!

기 시작했다. 다양한 식물로 실내정원을 꾸미며 자연친화적인 환경을 만들어 그 안에서 쉼을 얻었다. 도시에서 자연을, 그것도 아파트 안에서 온전히 누리는 것에 관심을 쏟았다.

근래에는 먹거리 생산, 실내정원을 넘어서 생산성을 곁들인 도시농업이 각광받고 있다. 자연친화적인 삶을 살면서 부가가치까지 만들어내는 것에 눈을 뜬 것이다. 식물을 키우면서 얻을 수 있는 다양한 이점은 온전히 누리면서 그것을 되팔아 돈까지 버는 사람들이 많아졌다. 한때 주부들의 인기를 독차지했던 것이 바로 다육식물 다육이였다. 아파트 베란다에서 다육이를 키우며 취미생활을 하고 돈도 벌었다. 풍란으로도 부가가치를 올리는 사람들이 있다. 근래는 동남아에서 들어온 몬스테라 류가 인기를 끌고 있다. 춘란처럼 감상하는 것을 재테크 하는 것인데 젊은 세대가 많은 관심을 갖는다. 한국춘란도 식테크 열풍에 관심을 갖는 사람들이 많아졌다. 다른 식물에 비해 생산성이 높아 선택하는 사람들이 많아졌다.

특히 난초가 주는 여러 가지 특·장점이 그 가치를 높인다. 지란지교(芝蘭之交), 금란지교(金蘭之交), 금란지계(金蘭之契)와 같은 사자성어는 천리를 가는 난초의 향기처럼 고상한 교제(交際)를 이야기하며 그 의미를 드높인다. 무엇보다 난초는 선비정신을 대변하는 고상한 취미의 대명사로 불린다. 집에서 난초를 기르며 도시농업으로 부가가치까지 누린다면 이보다 더 매력적인 것이 어디 있겠는가?

한국춘란은 국가가 장려하는 일자리 아이템

4차 산업혁명 시대가 되면서 직업의 미래를 예측하는 지표를 보면 불안하다. 많은 직업이 곧 사라질 것이고 이전에 없던 새로운 직업이 생길 것이라고 한다. 자신이 좋아하고 원하는 분야에 종사하고 싶어도 마음껏 그 능력을 펼치지 못하는 시대가 온 것이다.

다양한 직업이 사라지고 새로운 직업군이 생성되지만 농업만큼은 굳건하다. 농업은 기간산업이기에 그렇다. 어떤 국가든 농업을 제일 중요하게 여긴다. 그러나 예측할 수 없는 기후변화와 갈수록 뜨거워지고 있는 지구로 인해 기간산업인 농업조차도 불안한 지경이다. 그래도 농업에 미래가 있다. 농업은 4차, 5차 산업혁명이 와도 절대 없어질 수 없는 영역이기 때문이다.

농업이라고 해서 먹거리를 생산하는 것만 있는 것은 아니다. 눈으로 보고 향기를 맡을 수 있는 작물도 농업의 중요한 소재가 된다. 특히 도시화가 되고 1인 가족이 늘어나면서부터 반려식물에 대한 관심이 많아졌다. 같은 공간에서 함께 호흡하면서 삶을 함께하는 것이다. 그렇다 보니 그와 관련된 분야의 일자리도 형성되고 있다. 문화가 생기고 거기에 시장이 형성되면 그와 관련한 아이템과 콘텐츠가 형성되고 일자리는 저절로 만들어진다.

이 점을 농림부가 인지해 도시농부 육성을 위해 여러 가지 시도를 하고 있다. 귀농, 귀촌과 더불어 베란다 창업, 영농 일자리를 만들기 위해 고군분투한다. 대표적인 것이 경매와 농가 육성 교육 사업이다.

교육뿐만 아니라 실제로 경매 현장을 만들어 도시농업 발전을 꾀하고 있다. 한국춘란은 한국농수산식품유통공사(aT)에서 매월 경매가 이루어지고 있다. 지금은 코로나19로 인해 잠시 쉬고 있지만 2014년 6월 24일 양재동 화훼공판장에서 한국춘란 경매가 시작됐다. 정부가 제도권 안에서 경매를 실시하여 시장을 활성화하려고 개장한 것이다. 한국춘란이 도시농업과 원예 치료적 효능에 힘입어 부가가치까지 이룰 수 있다고 정부가 확신한 것이라고 볼 수 있다.

전 김재수 한국농수산식품유통공사 사장은 2016년 인터뷰에서 '먹는' 농업에서 '보는' 농업으로 전환이 필요하다며 한국춘란 경매의 중요성을 이야기했다. 한국춘란의 전통적 가치를 상품화할 경우 연간 1조 원의 부가가치를 낳을 것이라고 강조했다. 그의 예상대로 많은 사람들이 aT센터에서 원예적 가치와 부가가치가 있는 난초를 경매받아 의미 있는 생산 활동을 이어갔다.

이런 국가 기조에 발 빠르게 대처하는 지자체가 있다. 대표적인 곳이 함평군과 합천군이다. 원예성 있는 난초가 많이 자생하고 있는 지자체들이다. 함평군에서는 대통령상이 걸린 전시회가 매년 열린다. 합천군은 난초로 귀

그림 4. aT센터 경매 현장

농을 하면 지원도 하고 있다고 한다. 그리고 춘란과 관련된 전시회나 품평회를 열어 난초를 알리는 데 일조하고 있다.

　많은 사람들이 일자리가 없다고 볼멘소리를 한다. 특히 청년들의 구직난은 상상을 초월한다. 주부와 퇴직자들도 마땅한 부수입 거리를 찾아 헤매지만 답답하기는 마찬가지다. 그래서 취업에 도움이 될 만한 스펙 쌓기에 매몰되고 각종 자격증을 따는 데 시간과 돈을 투자하고 있다. 하지만 자신의 가치와 부합되는 것을 찾기는 하늘의 별 따기다. 좋아하는 분야를 만날 수 있다는 보장도 없다. 당장 먹고사는 문제를 해결하려는 몸부림에 가깝다. 운 좋게 취업이 된다고 해서 만족스러운 직장생활을 이어가기도 힘든 실정이다.

필자가 현실을 너무 비관적으로 보고 있는 것인지 모르겠다. 그런데 코로나19 팬데믹 상황에서는 더 가슴 아픈 일들이 벌어지고 있다. 자영업자들의 삶이 피폐해지고 있는 것이다. 이런 힘겨운 상황에서 도시농업에 관심을 기울여보자.

베란다에서 반려식물인 난초를 기르면서 마음을 정화하며 더불어 부수입도 올려보는 것은 어떨까? 베란다에 난초가 자랄 수 있는 환경을 만들어놓고 함께 호흡하며 쉼과 치유를 느껴보면 어떨까? 이것은 막연한 이야기가 아니다. 실현가능한 이야기이며 이미 많은 사람들이 이런 삶을 살고 있다. 무엇보다 난초, 한국춘란은 국가가 장려하는 일자리 아이템이다.

춘란으로 꼬박꼬박 월급받는 사람들

과연 춘란으로 돈을 버는 사람이 있을까? 춘란에 어떤 특별함이 있기에 그들이 돈을 버는지, 키우는 일이 어렵지는 않은지 궁금할 것이다. 도저히 궁금증을 못 참겠다면 자신이 살고 있는 지역의 난초 농장을 검색해보라. 생각보다 많은 사람들이 난초를 업(業) 삼아 생계를 유지하고 있다는 점에 놀랄 것이다.

검색으로 나타나지 않는 곳에서 난초를 기르는 사람은 더 많다. 아파트 베란다에서 도시농업 형태로 난초를 배양하며 즐거움을 누리는 사람들이 있다. 마당이 있는 집이라면 비닐하우스로 난실을 지어 삶의 생동감을 찾는 이들도 많다. 그리고 꽤 많은 사람들이 수익을 창출하며 나아간다. 주부, 청년, 나이 많으신 어르신, 퇴직을 앞둔 직장인까지 다양하다. 춘란을 키우는 일은 나이, 성별, 직업에 관계없이 관심만 있다면 누구나가 할 수 있다는 것이 매력이다.

전국적으로 난초로 월급처럼 벌어서 쓰는 사람들이 있는데, 필자 주변에서 의미 있는 영농생활을 하고 있는 사람을 소개해보겠다.

첫 번째로 만나볼 사람은 박정윤·이조일(29세·27세) 부부다. 부부가 처음 난초를 접한 계기는 이렇다. 필자가 운영하던 시민대학 난 무료교육을 접하면서다. 교육을 받기 전에는 다육식물을 길렀는데 평소 식물에 관심이 많아서인지 한국춘란에 대한 거부감이 없었다. 처음에는 반려식물이 주는 장점을 온전히 누리기 위해 길렀는데 몇몇 증식한 난을 출하하면서 이젠 관심이 부업으로 옮겨진 경우다. 관심이 없던 남편까지 교육을 받으며 본격적으로 부업에 뛰어든 것이다. 원명과 여울 등을 전략 품종으로 50분을 기르고 있다. 부부는 아직 젊은 나이라 멀리 내다보고 어린 천종을 들여 건실한 천종으로 길러 시합에 출품하는 것을 목표로 하고 있다.

박정윤·이조일(29세·27세) 부부 - 대구			
경력	1년	부업 시작	1년
난실 환경	지상 난실 임대	배양분수	50여 분
영농방식	분산 포트폴리오	전략품종	원명과 여울
투자금액	약 2,000만 원(일부 회수함)	연 소득	1,000만 원

두 번째 주인공은 실버 박종태(84세)씨다. 유튜브 '난테크 TV' 202편 주인공이기도 하다. 그는 대한민국에 난초 붐이 일던 시절 난초에 입문했다. 직장에서 은퇴한 후 무료할 것 같은 삶에 활력을 안겨준 것이 난초라며 자

그림 5. 박정윤·이조일 부부의 난실

그림 6. 박정윤·이조일, 20대 젊은 부부의 부업농

part 1. 난초가 뭔데 월 100만 원을 번다고?

랑삼아 이야기하고 다닌다. 난초를 기르다 보면 외로울 시간조차 없다고 한다. 큰 노동력이 들지 않아 나이가 들어도 얼마든지 난초를 기를 수 있단다. 정신 건강에도 효과가 커서 난초 없이는 못살 것 같다며 칭찬이 자자하다.

주택에 살고 계신데 주택 1층을 활용해 조그맣게 난실을 지어 배양하고 있다. 난초를 접한 연수는 많은데 그동안 참 많은 시행착오를 겪었다고 말한다. 그러다 필자를 2년 전(2019년)에 만나 체계적인 교육을 받은 후 부업으로 전환했다. 많은 분수를 키우기보다 하이옵션의 난초로 선택과 집중을 하고 있어서인지 수입도 꽤 좋다. 이미 투자한 금액을 회수하였기에 더 즐겁고 신나게 노후를 난초와 함께하고 있다.

박종태(84세) – 평택			
경력	30년	부업 시작	2년
난실 환경	주택 개인 난실	배양분수	80여 분
영농방식	하이옵션 선택과 집중	전략품종	천종, 동방불패
투자금액	약 8,000만 원(이미 회수함)	연 소득	7,000만 원

세 번째 인물은 주부 곽희영(50세)씨다. 처음부터 필자에게 부업을 하려는 의도로 난초 교육을 받고 시작했다. 부업으로 주식을 하던 그녀는 난초를 배우고 경험을 쌓는다면 훗날 전업을 해도 전망이 있겠다는 판단에 시작한 것이다.

체계적인 교육 이수 덕분에 오히려 오랜 세월 난초를 한 사람보다 실패할 확률이 적다는 장점을 발견했다. 난초의 재배 생리와 병충해 예방, 옵션

그림 7. 박종태님의 아담한 난실

그림 8. 박종태, 80대 실버의 부업농

part 1. 난초가 뭔데 월 100만 원을 번다고?

체계를 완전히 이해하고 시작했으므로 장래가 밝다. 기르는 분수가 많지 않아 시간을 뺏기지 않고 짬 시간을 활용해도 얼마든지 길러낼 수 있다. 이미 본전은 3년 전에 하였고 남은 것이 다섯 화분이다. 이것들은 매년 5촉씩을 생산하게 되는데 약 1억의 순수익이 예상된다. 그녀는 주식보다는 난초가 더 잘 맞는 것 같다고 한다.

요즘 떠오르는 품종을 선택해 성공을 거두는 모범적 사례로 볼 수 있다. 그녀의 연봉은 약 1억 원이다. 이미 본전을 한 그녀의 꿈은 천종보다 더 나은 옵션을 갖춘 신품종을 구하는 것이라고 한다.

곽희영(50세) – 대구			
경력	6년	부업 시작	6년
난실 환경	지상 난실 임대	배양분수	5분
영농방식	선택과 집중	전략품종	천종(어린 것)
투자금액	1,700만 원(3년차 본전 함)	연 소득	1억

네 번째 인물은 부업농 한희수(67세)씨다. 필자의 국비 교육을 통해서 난초를 시작하였다. 교육을 세 번이나 받을 정도로 열정적으로 난을 배우고 익혔다. 한희수씨는 처음부터 부업농의 길을 선택한 터라 이것저것 품종을 기르지 않고 한 가지 품종만 고집하고 있다. 그는 이미 본전을 하고 처음 구입할 당시보다 3배나 늘어났음에도 난초를 판매하지 않는다. 70세 이후 연금처럼 쓰기 위해 증식에 몰두하고 있기 때문이다. 현재 있는 난초의 잉여분을 판다면 예상 수익이 5,000만 원은 훌쩍 넘길 정도다. 그는 3년 뒤인 70세 때까지

그림 9. 곽희영님 난실은 천종 5화분으로 단출하다

그림 10. 곽희영, 50대 주부의 부업농

part 1. 난초가 뭔데 월 100만 원을 번다고?

늘린 후 출하해 하이옵션으로 업그레이드를 시키려는 꿈을 가지고 있다.

한희수(67세) – 대구			
경력	6년	부업 시작	6년
난실 환경	지상 난실 임대	배양분수	50분
영농방식	중저가 한 품종 선택과 집중	전략품종	산반 소심
투자금액	1,000만 원(3년차 본전 함)	연 소득	2,000만 원

　　필자 주변만 둘러봐도 많은 사람들이 월 100만 원 수입은 거뜬히 올리고 있다. 지면이 부족해 많은 사람들을 소개하지 못할 뿐이다. 이제 갓 난초를 접하고 원하는 목표를 달성한 사람, 퇴직 후를 준비하기 위해 증식에만 몰두하는 사람, 주부로 짭짤하게 월수입을 올린 사람, 실버로 연금보다 많은 돈을 벌고 있는 사람을 소개했다. 현재 새로운 일자리를 찾고 있는 대표적인 분들의 특성을 모아 소개한 것이다. 위에 소개한 분들의 사례는 먼 나라 이야기가 아니다. 우리 주변에서 실제 일어나고 있는 일이다. 이제 당신도 월급처럼 따박따박 돈을 버는 주인공이 될 수 있다.

그림 11. 한희수님 난실 사진

그림 12. 한희수, 60대 실버의 부업농

part 1. 난초가 뭔데 월 100만 원을 번다고?

반려식물 시대,
꿩 먹고 알 먹는 난초

코로나 시대, 녹색 식물을 키워라

프로필 사진이 꽃과 나무 등 자연물로 바뀐다는 것은 나이가 든 거라고 한다. 겸손히 땅과 가까워지는 시간을 준비하는 것인지도 모른다. 인생을 살다 보니 결국 자연과 가까이하는 것이 중요하다는 것을 깨닫는 것이다. 인간의 본래 터전은 회색의 콘크리트 도시가 아닌 숲이었다. 자연의 무성한 식물 속에서 살아가며 태양에서 나오는 빛과 함께 했다. 그것이 본능적으로 작용한 것이라 생각한다.

어느 가수의 〈엄마의 프로필 사진은 왜 꽃밭일까〉라는 노래가 있다. 중년 여성의 프로필이 꽃인 경우를 찾는 것은 흔한 일이다. 엄마로, 아내로 살다가 어느덧 자기 삶을 바라보며 꽃으로 위로를 받는 것이다. 꽃이 친구요 위로의 대상이다. 아니 꽃으로 살고 싶은 것이다. 남성의 경우도 산, 강, 하늘 등 자연물이 프로필 사진을 가득 채운다.

놀랍게도 이 법칙은 예외가 없는 것 같다. 어린 시절 시골에 살았든지 도시에 살았든지 상관없이 흙을 가까이 하는 마음과 화초에 관심을 갖게 되는 시점이 누구에게나 생긴다.

중년의 화초에 대한 관심과 함께 젊은 세대에게는 반려식물이라는 개념이 생겨났다. 코로나 시대를 맞아 자유로운 외출이 어렵고 집안에 있는 시간이 길어지면서 정서적인 탈출구를 찾게 되었다. 이때 가장 좋은 선택이될 수 있는 것이 녹색 식물을 가까이 하는 것이다.

콩나물 키우는 유튜브가 인기이고 이에 필요한 용품들이 불티나게 팔리는 현실은, 기르면서 얻게 되는 정서적인 만족과 행복감이 크기 때문이다. 콩나물에 이름을 붙이고 정성스레 키우는 것을 보면서 녹색 식물을 바라보는 시각이 완전히 달라진 것을 느낀다.

애완동물이 사람에게 주는 기쁨이 크다는 것을 키워본 사람은 안다. 그러나 애완동물을 키우려면 현실적인 제약이 많은 것도 사실이다. 오죽하면 아이를 키우는 것과 같은 노력이 필요하다고 이야기하겠는가.

하지만 반려식물은 무엇보다 접근성이 뛰어나다. 장미 한 송이를 사거나 작은 화초를 키우기 위해 필요한 것은 거의 없다. 강아지를 키우기 위해 준비해야 하는 것을 생각하면 쉽게 가까이 할 수 있는 것이 바로 녹색 식물이다.

그렇다고 녹색 식물이 빈 공간을 채우는 장식품이라고 생각하면 안 된다. 항상 관심을 갖고 애정을 쏟아내며 함께 소통하는 것이 반려식물이다. '반려'는 짝이 되는 동무라는 뜻이다. 가까이 두고 즐긴다는 '애완'과는 다른 의미다. 자신의 필요에 따라 함께하고 버리는 것이 아니라 함께 호흡하며 살아가는 동반자다. 기르고 있는 식물이 목이 말라 갈증을 느끼고 있는 건 아닌지, 각종 병충해로 어디가 아픈 것은 아닌지, 빛을 보지 못해 또는 충분한 영양분을 공급받지 못해 우울한 건 아닌지, 잎에 먼지가 쌓여 답답한 것은 아닌지 세심하게 살피게 된다. 식물에게 마음을 쏟고 건강하게 자라는 모습을 보면서 우리는 대리만족과 희망을 얻는다. 나도 저렇게 노력하면 결실이 있다는 것을 배우는 것이다.

코로나19는 녹색 식물에 대한 수요와 관심을 폭발시켰다. 먹고살기 위해 아침부터 밤늦게까지 일하지만 만족스런 삶을 살기 어려운 사람들이 많아졌다. 자녀교육, 노후준비도 만만치 않다. 치열한 전쟁터 같은 삶의 터전에서 살아남기 위해 정신적 긴장이 어느 때보다 높아지고 있다. 아니 쉴 수가 없다. 외출도 어렵고 실내에서 생활하는 시간도 많아 스트레스가 이만저만이 아니다.

특히 사회적 거리두기 때문에 하루 중 많은 시간을 실내에서 생활해야 한다. 재택근무로 집안에서 일을 해야 하는 경우도 많다. 실내에서 생활하는 비중이 거의 90퍼센트에 육박하는 것이다. 수시로 산과 들, 강을 보며 삶의 피로를 풀고 충전을 해야 하는데 답답한 콘크리트 속에 갇혀 있다.

이럴 때 코로나를 예방하는 백신을 맞는 것도 필요하지만 내 삶을 회복시키고 희망을 주는 녹색 식물을 만나는 것이 더 필요하다. 실제로 녹색 취미활동을 하고 있는 사람들이 그렇지 않은 사람보다 코로나 상황을 잘 극복하고 있다고 한다. 식물을 키우며 위안을 얻기 때문이다. 실내에서 함께 호흡할 수 있는 녹색 식물이 코로나19 팬데믹 시대를 이기는 가장 효과가 뛰어난 백신이 되는 것이다.

그림 1. 몬스테라류 변이종으로 식테크하는 엄성욱님(베트남)

part 2. 반려식물 시대, 꿩 먹고 알 먹는 난초

'치유농업법' 제정이 의미하는 것

요즘 시대는 예전과는 다른 방법으로 관계를 맺고 소통을 한다. 스마트폰과 인터넷의 발달이 가져온 다양한 소통 방법은 전혀 모르는 사람과도 친구를 맺고 일상을 공유하는 관계를 만들고 있다. 세계의 모든 사람이 친구가 된다. 내가 살고 있는 이웃, 주변 사람들과만 친한 관계를 유지했던 시절을 생각하면 지금의 변화는 놀라울 따름이다.

더 많은 대상과 친구가 되고 소통을 한다고 하는데 의외로 '외롭다'고 하소연하는 사람들이 많다. SNS 상에서는 소통이 가능하지만 진실한 대화와 소통은 줄어들고 있어 안타깝다. 실제 사람을 만나서 마음을 터놓고 소통하지 못하니 점점 혼자가 되고 있다고 느낀다. 홍수가 나면 물은 가득하지만 마실 물은 없는 것처럼 관계는 다양해지고 넓어졌지만 정서적인 만족은 줄고 외로움은 더 커지는 현실인 것이다. 실제 이런 현실을 반영한 씁쓸한 뉴스가 있다. 대형병원 응급실에는 코로나 증상으로 찾는 사람보다 스스로 목숨을 끊는 사람들이 더 많다는 것이다. 우리는 실로 이러한 아이러니한 현실을 살고 있는 것이다.

　시대의 흐름 안에서 이런 소통의 방법이 달라지기는 어려울 것이다. 코로나는 이런 현실을 더 심화시켰다. 그래서인지 전 세계적으로 치유농업(Agro-healing)에 관심이 많아졌다. 약물로 치료할 수 없는 것을 식물을 가까이함으로써 치유가 일어나도록 돕는 활동이다. 우리나라도 2021년 3월 25일에 '치유농업법'을 제정해 시행하고 있다. 꽃이나 채소, 식물을 가까이하고 키우다 보면 치유를 경험할 수 있다는 것이다.

　실제로 고혈압, 당뇨 등 만성질환자가 치유농업을 만난 후 눈에 띄는 효과를 나타냈다. 나쁜 콜레스테롤(LDL) 감소(9.2%), 스트레스 호르몬 감소(28.1%), 허리둘레 감소(2cm), 인슐린 분비 기능 증가(47%) 등의 효과를 본 것이다. 특히 노인층에서 우울감이 60%나 감소했다고 한다.

　스웨덴의 로저 울리히(Roger Ulrich) 교수는 수술한 환자의 회복에 대한 연구를 했다. 그는 수술 후 자라나는 녹색 식물을 보고 치료를 받는 환자가 벽만 보고 있는 환자보다 병원 입원 일이 적었다고 밝혔다. 진통제도 적게 맞았다. 현기증, 두통, 그리고 합병증으로 힘들어하는 사례도 적었다고 이야기한다.

　오 헨리의 단편집 《마지막 잎새》도 같은 메시지를 전한다. 폐렴에 걸린 존시는 창밖에 있는 잎새가 다 떨어지면 자신도 죽을 거라며 절망에 휩싸여 있다. 그 이야기를 들은 나이 든 화가가 창밖 담장에 진짜 같은 잎새를 그려 놓는다. 바람이 불어도 떨어지지 않는 마지막 잎새를. 존시를 그 잎새를 보며 삶의 희망을 얻고 결국 회복한다.

근래 캠핑 문화가 확산되면서 회자되는 용어가 '불멍'이다. 타들어가는 장작불을 보며 멍하게 있는 것을 말한다. 각박한 도시를 떠나 한적한 곳에서 불멍으로 '소소하지만 확실한 행복'을 경험한다. 낚시 방송의 인기로 '낚멍'도 유행이라 한다. 낚시 가서 찌를 멍하게 바라보며 힐링을 하는 것이다. 이 역시 일상생활에 쌓인 스트레스를 푸는 과정이라 할 수 있다.

그런데 난초에도 이런 장점이 있다. 바로 '난멍'이다. 자신이 기르고 있는 난초를 멍하니 바라보며 스트레스를 풀고 삶의 행복을 얻는다. 난초를 키우고 있는 사람은 무슨 뜻인지 금방 알아차릴 것이다. 필자는 새벽이면 난초를 멍하게 바라보고 있다. 족히 두 시간은 된다. 그냥 바라만 보고 있어도 좋다. 스트레스가 풀리고 행복감을 안겨주기 때문이다.

식물을 키우다 보면 가장 좋은 효과는 심리적 안정이다. 회색의 도시에 휩싸였다가 녹색을 보는 순간 마음이 편안해진다. 녹색을 보면 스트레스 호르몬인 코르티솔이 낮아진단다. 반려식물을 돌보면서 자신도 뭔가를 가꾸고 돌볼 수 있다는 생각에 자신감과 자존감이 향상된다. 생명에 대한 소중함도 생긴다.

두 번째 효과는 삶에 잔잔한 행복감을 선물 받는다는 것이다. 미국 펜실베이니아주 루트거스대학에서는 식물의 꽃 색깔이 인간의 마음에 미치는 영향에 대해 연구를 진행했다. 색깔마다 다양한 효과를 맛볼 수 있다는 것이다. 빨간색은 면역계에 긍정적인 영향을 준단다. 보라색은 신경 안정과 창의력 증진, 노란색은 행복감과 밝은 기운을 주고, 초록색은 마음을 고요하고 평온하게 한다. 이 외에도 색깔마다 좋은 영향을 인간에게 끼친다. 그러니 식물을 가까이 하면서 맛보는 색깔이 삶에 소소한 행복을 선물해 주는

그림 2. 녹색 치유형 베란다 텃밭

part 2. 반려식물 시대, 꿩 먹고 알 먹는 난초

것이다. 물론 치유의 효과도 크다.

　난초를 가까이 하다가 사업을 위해 난초를 떠났던 사람이 있었다. 필자와 가까이 지냈던 사람이다. 그는 사업에 실패하고 건강과 삶의 의욕까지 잃었다. 그러다 다시 난초를 만났다. 그분은 삶이 다할 때까지 난초를 돌보다 죽고 싶다고 했다. 필자의 농장에서도 한때 근무를 했다. 그분은 근무하면서 "난초가 없었다면 진작 죽었을 것"이라는 말을 달고 살았다. 난초를 보면서 행복을 얻고 심리적 안정을 되찾았다. 결국 그분은 난초를 돌보다 삶을 마감했다.

　마지막은 혼자만의 시간을 즐기며 지낼 수 있다. 혼자 있는 시간이 많아진 현대인들에게 식물이 꼭 필요한 이유다. 홀로 반려식물을 키우면서 기다림의 미학을 배우고, 세밀하게 변하는 식물을 관찰하며 인생의 의미를 발견하기도 한다.

　식물과 가까이 하는 삶은 시대의 요구이다. 식물과 함께 삶을 살아간다면 치유는 저절로 경험하게 된다. 그래서 식물을 통해 치유를 경험하라고 법으로 제정했는지도 모른다.

춘란이 왜 꿩 먹고 알 먹는 알짜배기인가

녹색 식물의 가치는 코로나19 팬데믹으로 더욱 중요하게 대두되었다. 하지만 중세에도 녹색 식물로 치유 활동이 이어졌다고 학자들은 이야기한다. 그러다 본격적으로 치유와 접목해 농업을 발전시킨 것은 2000년대 초이다. 노르웨이(600개소), 네덜란드(1,000개소), 이탈리아(400개소), 독일(400개소) 등 유럽에서는 치유농업을 적극적으로 진행하고 있다.(2010년 기준)

녹색 식물이 주는 장점은 이미 검증되었는데 내가 어떤 식물과 인연을 맺어야 할지 고민이 될 것이다. 세상에는 참 많은 식물이 살고 있으니 말이다. 전 세계에 서식하고 있는 식물은 약 40만 종에 달한다고 한다. 그 중에서도 인간과 함께 생사고락을 함께할 식물은 제한적이다. 실내에서 함께 하려면 여러 가지 요소가 어우러져야 하기에 그렇다.

인간과 함께 호흡하는 식물은 대부분 15도에서 25도 사이에 잘 살아야 한다. 아무리 멋지고 아름다워도 실내에서 살 수 없는 것이라면 선택해서는 안 된다. 요즘 많은 사람들이 선택하는 반려식물은 열대 지방이나 아열대 지방에서 자라는 종이다. 주로 잎이 넓은 식물이다. 그 중에서 관엽식물(觀葉植物)이 인기가 많다. 잎사귀의 모양이나 빛깔의 아름다움을 보고 즐기기 위하여 재배하는 식물을 말한다. 식물을 키우면서 느끼는 즐거움이 크고 겉으로 드러난 모습으로도 행복감을 얻기에 선택이 많은 것이다. '식테크'로도 각광받고 있다.

또 어떤 이들은 공기정화에 좋은 식물을 선택하기도 한다. 근래 미세먼지로 몇 미터 앞도 분간하기 어려운 순간을 경험하는 날이 많아졌다. 그로 인해 고통받는 사람들이 많다. 창문을 열고 신선한 공기를 들이마실 수 없는 상황 때문에 걱정거리가 또 하나 늘어난 것이다. 실내 공기를 정화하기 위해 미세먼지 방충망, 공기청정기를 설치하고, 나아가 실내 공기 정화식물도 함께 키운다. 농촌진흥청에서는 실내 공기 정화에 좋은 식물 5가지를 발표했다. 멕시코소철, 박쥐란, 율마, 파키라, 백량금이 상위에 랭크되었다.

취미로 식물을 키우는 사람들도 있다. 한때 주부들에게 선풍적인 인기를 끌었던 것이 다육식물 다육이다. 다육이를 키우며 삶의 활력을 찾았다. 선인장, 풍란, 알로에 등도 선택하는 사람들이 많다.

이렇게 다양한 식물들이 인간과 함께하지만 한국춘란이야말로 진짜 꿩 먹고 알 먹는 알짜배기 식물이다. 한국춘란은 사계절 내내 잎이 푸르다. 종에 따라 향기가 나는 난초도 있다. 실내에 은은한 난초 향기가 스며들어 정신을 맑게 해준다. 혈관까지 스며드는 것 같은 진한 향기를 풍기는 난초도 있다.

어디 그뿐인가. 한국춘란은 변화무쌍하다. 스스로 변이를 일으켜 다른

그림 3. 베란다 치유농업의 대표적 식물 다육이

품종으로 개량되기도 한다. 미세한 한 줄 호에서 아름다움의 극치를 발하는 중투로 발전되기도 하고, 산지에서는 그냥 곧추선 잎이 집에서는 짧고 단단한 단엽종으로 바뀌기도 한다. 잎 폭이 좁은 것이 기르다 보면 어느새 광엽으로 발전한다. 무늬가 약한 것이 화려하게 바뀌는 경험도 자주 한다. 이렇게 화려한 무늬를 감상하는 난초를 엽예품(葉藝品)이라 한다. 다음에 더 자세한 설명을 덧붙이겠지만 난초 잎으로 원예적 가치를 매기는 것이다.

한국춘란은 잎도 아름답지만 꽃은 더 황홀하다. 봄이면 꽃이 핀다 하여 춘란(春蘭)이라고 하는데 우리나라 산야에 가면 어느 곳에서나 볼 수 있다. 산지에서 자라는 난초 중 원예적 가치가 있는 것들을 채집해 그 가치를 매긴다. 어떤 화려한 컴퓨터 그래픽도 한국춘란의 아름다움을 표현하지 못한다. 색감과 꽃의 형태도 다양해 사람들의 이목을 끈다. 이렇게 꽃의 아름다움에 원예적 가치를 매긴 것을 화예품(花藝品)이라고 한다.

한국춘란은 잎의 아름다움과 더불어 꽃도 황홀할 정도로 아름답다. 향기가 나는 것도 있다. 하지만 여기서 그치지 않는다. 한국춘란 가치의 정점은 기르고 있는 난초를 팔면 재테크가 가능하다는 점이다. 한 촉에 1만 원에서부터 1억 원이 넘는 난초도 있다. 수백에서 수천만 원 하는 난초도 많다. 월 100만 원 버는 것을 넘어 춘란으로 평생 직업을 삼아도 될 정도다. 필자도 춘란으로 박사, 명장이 되었고 평생 먹고살고 있다. 내 주변에는 춘란을 직업삼아 살아가는 사람들이 정말 많다.

한국춘란은 반려식물이 주는 장점을 고스란히 간직하고 있다. 더불어 주식에 버금가는 재테크 수단이 되기도 한다. 죽이지 않고 기르기만 하면 주식보다 실패할 확률이 현저히 낮다. 월 100만 원 벌이도 충분히 가능하다. 그래서 한국춘란을 꿩 먹고 알 먹는 알짜배기 식물이라고 하는 것이다.

4무, 소자본, 시간이 자유로운 일자리

여기저기서 일자리가 없다고 아우성이다. 그래서인지 젊은 세대에게 일자리의 중요성은 사회적 화두가 될 정도다. 중년을 살고 있는 사람에게도 일자리는 생계를 이어가느냐 마느냐의 문제다. 돈을 벌기 위해서든 자아실현을 위해서든 일하는 것은 중요하다. 노후에 먹고 살만한 것을 찾는 사람에게도 소일거리는 삶의 질을 높이는 요소로 작용한다.

그러나 현실은 암담하다. 특히 코로나19 상황은 양질의 일자리를 빼앗아 갔다. 경제지표는 좋아졌다고 언론에서 이야기하는데 현실은 그렇지 못하다. 피부로 느끼는 어려움은 상상을 초월한다.

일자리를 얻는 방법은 크게 두 가지로 나눌 수 있다. 일용직이나 아르바이트를 빼고 자신의 일을 갖는 것은 취업과 창업으로 나뉜다. 취업을 해서 월급을 받으며 사는 것을 선호하는 사람에게 취업은 하늘의 별 따기에 가깝다. 온갖 스펙을 갖추고 자격증을 준비해도 흡족한 일자리를 만나기 어려운 것이 현실이다. 월 100만 원을 받을 수 있는 일자리는 생각보다 많지 않다.

취업이 안 되면 창업으로 눈을 돌리게 된다. 정년퇴임을 하거나 중간에 퇴직을 하면 대부분 창업을 한다. 퇴직금을 쏟아붓고 부족하면 집을 담보로 대출을 받아 사업을 시작한다. 이들 중에는 자신의 노하우로 승부를 거는 사람보다 손쉽게 접근할 수 있는 프랜차이즈 쪽에 투자하는 사람이 더 많은 편이다. 경험이 없어도 시작하기가 쉽기 때문에 많은 사람들이 빠져드는 것이다. 본사에서 소개하는 성공 스토리에 반응해 자신도 그 사람처럼 성공할 수 있다고 생각하며 뛰어들지만 현실은 냉혹하다. 성공한 사람의 이면에는 수많은 실패자가 있다. 우리는 실패자를 자세히 보지 못하고 덤벼들다 실패의 쓴잔을 마시게 된다. 하루에도 수없이 생겨났다가 사라지는 점포들은 이런 현실을 대변한다.

그런데 실패한 후유증이 너무 크다. 창업 시 투입한 인테리어 비용, 가맹비, 점포대여비까지 정산하고 나면 남는 게 없다. 자신의 온 자산을 투자하고 대출까지 받았으니 정신적·물질적 충격은 상상을 초월한다. 실패한 이들은 대부분 식당, 편의점, 치킨프랜차이즈, 커피숍 등을 선택한 사람들이다. 상대적으로 농업을 선택한 사람은 드물다. 힘은 들고 돈은 안 된다는 선입견 때문이다. 그러나 농업은 꼭 그런 종류의 것만 있는 게 아니다. 농업에도 아이디어 집약의 슈퍼 아이템이 있다. 바로 한국춘란이다. 춘란을 생산해 수익을 창출하는 것이다.

한국춘란 생산농들도 역시 창업이라고 봐야 한다. 목돈을 벌 요량으로 크게 목표를 세우면 큰 비용이 들지만 월 100만 원 정도를 예상하고 시작하면 큰돈 들이지 않고 시작할 수 있다. 실패할 확률도 적다. 설령 실패한다고 해도 인테리어 비용, 기자재, 점포세, 가맹비가 없어 부담이 적은 편이다. 그래서 가벼운 마음으로 시작할 수 있다. 아파트 베란다에서도 얼마든지 춘란을 키워 수익을 창출할 수 있기 때문이다. 물론 어느 정도 춘란에 대한 배경지식을 갖추기 위한 공부는 필요하다. 조금 더 욕심을 내면 월 200~300만 원도 얼마든지 가능하다.

춘란은 4무, 소자본, 자유로운 시간의 일자리라고 말한다. 4무란 무엇인가? 무점포, 무보증금, 무권리금, 무인테리어를 말한다. 아파트 베란다를 활용하면 정말 4무로 수익창출이 가능하다.

소자본이라고 말하는 것은 투자 금액을 3년이면 회수가 가능하기에 붙인 말이다. 월 100만 원의 수익을 올리려는 목표로 출발하면 큰돈 들이지 않아도 된다. 이 부분은 다른 장에서 더 자세히 설명하겠다.

자유로운 시간의 일자리란 이런 의미다. 춘란을 키울 때 자유롭게 시간을 활용할 수 있다. 8시간의 기준 근로시간을 들일 필요가 없다는 것이다. 하루 중 잠깐의 시간 동안 살피고 자유롭게 자기 시간을 가져도 춘란은 잘 자란다. 그래서 다른 창업에 비해 자유를 보장받는다.

18세기에 억울하게 유배를 가게 된 정약용. 유배지에서도 백성을 사랑하는 그의 마음은 그대로였다. 애민정신으로 수많은 책을 집필한 정약용은 정조에게 상소문을 올린다. 농업 발전을 위한 '삼농(三農) 정책'을 건의한 것이다.

첫째는 '편농(便農)'으로 농사 짓는 일이 편해야 한다는 것이다.

둘째는 '후농(厚農)'이다. 농민들이 돈 되는 농사를 지어 잘 먹고 살아야 한다는 것이다.

셋째는 '상농(上農)'이다. 이를 통해 농업인의 지위가 향상돼야 한다는 것이다.

다산이 이야기하는 삼농에 걸맞은 농업이 필자는 한국춘란이라고 본다.

춘란은 농사 짓는 것이 편하다. 베란다에서 몇 화분 기르지 않아도 수익이 창출된다. 또 고수익도 보장받는다. 필자는 20대에 70만 원으로 난원을 시작해 지금은 자산가가 되었다. 내 주변만 봐도 춘란으로 먹고 사는 사람이 많다. 월 100만 원으로 설정한 목표를 달성하는 것은 필자의 솔루션을 잘 따르면 그리 어렵지 않다. 사군자의 하나인 난초를 기르는 것은 그 자체로 지위가 향상되는 일이다. 그러니 다산이 이야기하는 삼농의 가치가 한국춘란에 녹아 있다고 말하는 것이다.

창업이나 재취업, 주식이나 경매, 코인을 공부할 여력을 난초에 쏟아보는 건 어떨까. 난초를 가까이 해보면 분명 삼농의 의미를 자신의 삶에서 경험하게 될 수 있을 터이니.

베란다에서 자녀교육비, 노후자금을 만들어보자

7, 80년대 시골 동네에서는 저마다 가축을 길렀다. 조그마한 자투리 공간이라도 있으면 닭과 염소, 토끼를 길렀다. 기르던 닭이 낳은 계란은 배가 고프지만 먹지 않았다. 자녀를 교육시켜야 한다며 눈물을 머금고 시장에 내다 판 사람이 많았다. 염소와 토끼도 가정생활에 큰 도움이 되었다. 사는 집에 조금이라도 여유 공간이 있으면 막사를 짓고 돼지를 길렀다. 냄새나는 돼지를 집안에서 키웠지만 냄새 때문에 불평하지 않았다. 오히려 그 냄새 덕분에 자녀들을 가르칠 수 있었다.

큰맘 먹고 목돈을 들여 소를 키운 사람도 있었다. 소가 재산목록 1호인 경우가 많았다. 어떤 집안은 소를 키워야 한다며 둘째나 셋째는 학교를 보내지 않았다. 소 꼴을 베어다 여물을 끓이는 일에 동원되었다. 큰아들을 공부시키기 위해 다른 형제자매들이 희생당한 것이다.

필자가 어린 시절 살았던 곳은 농촌이었다. 우리 집도 소를 길렀다. 자녀들 대학교 등록금 마련을 위해 아버지는 혼신의 힘으로 소를 길렀다. 소가 집안을 일으키고 자녀들 공부시키는 최고의 가축이었다. 필자의 교육생 한 분의 말을 빌리면 경북대학교 등록금이 40만 원이던 시절, 송아지 한 마리가 50만 원이었다고 한다. 소의 가치가 대학 등록금과 맞먹을 정도였다. 이렇게 시골에서는 저마다 처지에 맞게 마당에서 가축을 길러 자녀들을 교육시키고 생활비를 마련했다.

요즘도 자녀교육비와 노후자금 마련을 위해 동분서주하는 사람이 많다. 영혼까지 끌어모아 집을 장만하는 것처럼 자신의 노후는 포기하고 자녀교육을 위해서라면 영혼까지 끌어모으는 사람들이 있다. 부모가 해줄 수 있는 것이라면 모든 것을 해주고 싶지만 현실은 냉혹하다. 이때 우리는 7, 80년대 시골에서 자녀들을 교육하려고 했던 부모들에게서 지혜를 배워야 한다. 바로 시골 집 마당과 같은 아파트 베란다를 활용하자는 것이다. 베란다는 황금알을 낳는 최고의 농장이 될 수 있다.

지금도 농촌에서는 소를 기르는 사람이 큰돈을 번다고 한다. 하지만 대형 축사와 대규모 농장이 아니면 돈을 버는 일이 쉽지 않다. 사료비, 축사부대비용 등이 올라서 이삼십 마리를 길러서는 인건비 건지기도 쉽지 않단다. 하지만 난초는 다르다. 대규모 농장을 짓지 않고 아파트 베란다에서도 목돈은 물론 한 달에 100만 원 벌이도 가능하다.

필자는 유튜브나 내 책을 통해 난초로 얼마든지 노후자금과 자녀교육비를 벌 수 있다고 역설한다. 그 이상의 가치도 만들어낼 수 있다고 이야기한다. 예를 들어 현재 대한민국 최고의 난초로 불리는 '천종'이라는 품종 3,000만 원짜리를 베란다에서 기른다면 3년 후에는 얼마의 소득을 올릴 수

그림 4. 베란다에서 원금을 회수하고 월 100만 원을 벌고 있는 현장.
이미 본전 회수 후 남은 난초들.

있을까? 1촉에서 시작한 난초는 7개월에서 1.5년이면 3촉이 된다. 이때 2촉을 팔면 본전 회수가 가능하고 1촉이 남는다. 1촉의 가치는 약 3천만 원이 되니 해마다 이것을 출하하면 월 100만 원은 거뜬히 마련할 수 있다. 자녀교육비나 노후자금으로 월 100만 원 벌기를 목표로 한다면 더 적은 비용을 투자해도 얼마든지 가능하다.

단, 자신이 선택해 베란다로 들여온 난초가 탈이 나면 안 된다. 죽거나 세력이 저하돼 상품성이 떨어지면 원하는 목표를 달성할 수 없다. 하지만 이것도 염려하지 않아도 되는 건 철저히 교육을 받으며 공부를 하면 헤쳐나갈 수 있기 때문이다. 이 부분도 다음 장에서부터 차근차근 설명해서 혼자힘으로 해결할 수 있도록 하겠다.

자녀교육비가 걱정되는 주부나 은퇴를 앞두고 있는 퇴직자라면 주목해야 할 대목이다. 대학교육비가 걱정되면 고등학교 입학부터 준비하면 되고, 퇴직 후 삶을 준비한다면 2년 전부터 준비하면 노후 걱정거리는 덜어낼 수 있다.

마당이 있는 집은 조그마한 공간을 마련하면 되고, 아파트 베란다는 지금 바로 시작해도 괜찮을 정도로 환경은 문제가 없다. 활용 가능한 자그마한 공간으로 월 100만 원 벌이를 할 수 있다면 어려운 시기에 가정경제를 해결할 해법이 될 수 있을 것이라고 확신한다. 기회는 준비되는 자에게 찾아가는 것이니, 이 책을 읽고 미래를 준비하는 여러분이 되길 기대한다.

한국춘란 완전정복,
난초를 알아야 돈을 번다

돈을 벌고 싶다면 난초의 생리부터 이해하자

춘란이 반려식물로 우리에게 이로움을 주고 재테크가 된다고 하니 생소할 수 있다. 다른 나라에서 수입해 가치를 매기는 것인지, 아니면 인공적 교배나 육종 기술로 만든 것에 가치를 부여하는 것인지 궁금할 것이다. 그러나 두 가지 다 틀렸다. 한국춘란은 우리나라 산야에서 자생하고 있는 순수 국산 혈통의 난초를 말한다. 제주도부터 백령도까지 전 지역에 분포돼 우리 곁에서 함께 숨 쉬며 살아가고 있는 식물이다.

춘란(春蘭)은 언어적으로 해석하면 봄에 꽃이 피는 난초라는 뜻이다. 사전적 정의는 보춘화(報春花)이다. 난(蘭)이라는 한자 속에 담긴 뜻을 살피면 난초를 이해하는 데 도움이 된다. 蘭(난)을 해체하면 艹(풀 초)와 闌(가로막을 난)으로 나뉜다. 가로막을 난은 門(문 문)과 柬(가릴 간)으로 구성돼 있다. 보통 문은 동쪽과 남쪽으로 나 있는데 난은 대체로 동쪽과 남쪽에 많이 서식하고 있다. 가려야 한다는 것은 햇빛을 적당하게 가려야 한다는 의미로 해

그림 1. 보춘화(춘란)

석할 수 있다.

　산야에 서식하고 있는 춘란이 베란다나 배양 장으로 들어와 가치를 생성하는 것은 대부분 변이종이다. 변이가 없는 민춘란에서 돌연변이를 일으킨 특성 있는 난초들에 가치를 매겨 가까이 두고 기르는 것이다. 자연산이 아닌 인공적 교배나 육종기술에 의해 만들어지는 조직 배양품은 그 가치가 떨어진다.

　원예성 있는 난초를 베란다나 자신이 원하는 배양 장으로 들여오는 과정은 두 가지다. 하나는 자신이 직접 난초가 자생하는 산지를 찾아다니며 원예성 있는 난초를 채집해 들여오는 것이다.

그림 2. 민춘란의 꽃

이 과정은 정말 힘들다. 산삼을 캐러 다니는 것보다 더 어려울 수 있다.

두 번째는 이미 원예적 가치가 인정된 난초를 들여와 기르는 것이다. 필자 생각에는 난초로 의미 있는 결과를 만들어내고 싶어서 접근하는 사람이라면 후자를 추천한다. 그래야 승산이 있다. 허송세월로 시간을 허비하지 않는다. 잘 선택하고 잘 기르기만 하면 결과는 보장되기 때문이다.

그러면 어떻게 해야 난초를 잘 선택하고 죽이지 않고 잘 길러서 결과를

그림 3. 야생에서 발견된 돌연변이 중투

만들어낼 수 있을까? 춘란으로 의미 있는 가치를 만들어내려면 먼저 난초의 생리(生理)를 이해해야 한다. 어떤 난초가 돈이 될까가 아니라 난초의 생물학적 기능과 작용, 그 원리를 아는 것이 먼저라는 것이다. 난초의 생리를 알아야 잘 기를 수 있고 가슴 아픈 일을 당하지 않는다.

난초로 의미 있는 결과를 만들려면 난초가 등 따시고 배불러야 한다. 추위와 더위에 탈이 나지 않고 스트레스 없이 영양분을 공급하도록 해주면 된

part 3. 한국춘란 완전정복, 난초를 알아야 돈을 번다

그림 4. 인공 재배를 하고 있는 중투

그림 5. 난초의 1년은 사람 나이로 12세. 맨 뒤쪽 5년생은 60세

다. 말하지 못하고 스스로 움직이지 못하는 난초의 삶을 윤택하게 해줘야 잎을 넓히고 잎 장을 더 만들고 뿌리를 더 실하게 만들어 우리에게 보답을 한다. 이런 선순환 구조가 하모니를 이룰 수 있도록 해줘야 안정된 수익이 발생한다.

난초는 약 8년을 사는데 해마다 새끼를 낳는다. 새 촉을 생성시키는 것이다. 건강상태가 좋으면 쌍둥이, 세쌍둥이도 생산해 농가에 보탬을 준다. 영양상태가 좋아야 아름다운 색상의 꽃을 피워 가치도 만들어낸다. 그래서 더욱 난초의 생리를 알고 배양기술을 덧입혀야 한다.

난초를 등 따시고 배부르게 해주는 것은 광합성이 잘 되게 하고 포도당을 수월하게 만들어내도록 하는 것이다. 365일 이런 환경을 만들어주고 배양기술을 덧입히는 것이 월 100만 원 수익을 창출하는 기본이다.

그래서 난실 환경이 중요하다. 환경이 좋지 않으면 아무리 뛰어난 기술도 무용지물이 된다. 난실 환경을 광합성 요율을 높이고 포도당 생성에 유리하도록 만들어야 한다. 포도당 양이 최고로 만들어질 때 모든 난초는 1등급으로 향하게 되고 결국 원하는 목표도 달성시켜준다. 포도당을 많이 합성하려면 베란다 바닥에 최대한 낮추는 게 유리하다. 그래야 햇빛이 잎에 정확하게 닿기 때문이다. 2단 난대의 난초는 광합성 요율이 현저히 떨어지므로 가급적 1단으로 바닥에 가깝게 둬야 좋다.

이렇게 만든 포도당으로 난초는 세포 호흡을 통해 에너지를 만들어 살아간다. 난초의 신체 기관 모두는 세포로 이루어져 있다. 이 세포들이 모여

그림 6. 2단 난대와 1단 바닥난대

서 뿌리와 줄기와 잎을 만들고 때가 되면 꽃을 만들어 피운다. 이때 각 기관들은 맡은 바 역할을 수행한다. 잎은 일벌처럼 영양분(포도당)을 모아 벌브로 보내고 뿌리는 병정벌처럼 나쁜 병충해를 물리치며 영양분(비료분)을 벌브로 보낸다. 벌브(줄기)는 여왕벌과 같다. 모인 영양분으로 잎과 뿌리를 통제하고 새싹을 만들고 꽃을 만들어낸다.

난초는 매일 해가 뜨면 광합성을 시작한다. 햇빛이 잎에 내리쬐야 광합성으로 만든 포도당으로 뿌리를 통해 들어온 비료분과 결합시켜 단백질을 합성해 세포분열을 한다. 세포분열은 포도당을 만들 수 있는 하나의 단위인 일벌을 생산하는 것과 같다. 일벌이 많아져야 꿀을 많이 모을 수 있듯이 우리는 세포 수를 많이 늘릴 수 있도록 환경을 조성해 주어야 잘 자란다.

또 하나 기억해야 하는 것은 온도이다. 난초가 광합성을 잘 일으키는 적정온도가 있는데 보통 22~26도쯤이다. 관유정에서는 여름에는 낮 온도가 높으니 에어컨으로 낮춰주고 겨울에는 낮 온도가 낮을 수 있으니 창을 닫아 20~24도를 맞춰준다. 겨울밤에는 온도가 영하로 내려가니 얼어 죽지 않게 온도를 높여준다. 이 원리가 바로 난초를 등 따시고 배부르게 해주는 과정이다.

여기까지 읽고 나서 도대체 무슨 말인지 이해되지 않는다고 푸념하는 사람들이 있는 것 같다. 그래도 책장을 덮는 일은 하지 않기를 바란다. 다음 글부터 이 책의 마침표를 찍는 과정은 모두 난초가 등 따시고 배부르게 살 수 있는 것들에 대한 이야기다. 하나하나 글을 읽어가다 보면 큰 그림이 그려지고 자신이 무엇을 어떻게 해야 할지 보이게 될 것이다.

난초의 구조와 특성을 알아야 결과를 만들어낸다

난초의 생리현상을 통해 어떻게 건강을 유지하며 생산을 하게 되는지 그 과정을 살폈다. 이제는 난초가 등 따시고 배부를 수 있는 구조적 특성에 대해 알아보자. 구성요소를 잘 살피고 그 특성을 알아야 건강하게 생산할 수 있다. 난초가 아프거나 위기에 처했을 때도 올바른 처치와 처방을 내릴 수 있다. 아이가 부모에게서 태어나 독립할 수 있는 성인이 되려면 숱한 어려움을 극복해야 하듯이 난초도 다르지 않다. 원예성 있는 난초가 태어나 밥벌이를 하고 주인에게 의미 있는 결과를 선물해주기까지는 숱한 난관을 극복해야 한다. 그래서 난초로 의미 있는 결과를 기대한다면 구조와 특성을 파헤쳐서 자신의 것으로 만들 수 있어야 한다.

난초는 다른 식물들과 마찬가지로 잎과 줄기와 뿌리로 구성돼 있다.

잎은 광합성을 통해 포도당을 만드는 일을 주로 수행하고 줄기에 붙어 있다. 줄기(벌브)는 구슬처럼 되어 있다. 줄기에서 잎과 뿌리가 만들어진다.

잎   벌브   뿌리

그림 7. 난초 포기의 잎, 줄기(벌브), 뿌리 사진

줄기에는 액아(다음에 촉이나 꽃으로 탄생될 예비 눈)가 있다. 액아에서 새로운 촉을 생산하고 꽃이 되기도 한다. 꽃에는 약 5~7만 개 정도의 종자(포자)가 있다.

　줄기(벌브)의 아래에는 뿌리가 뻗어 있다. 대개 잎 1장에 뿌리 1가닥이 만들어져 서로 영양분을 주고받으며 건강을 유지한다. 어느 한쪽에 밸런스가 무너지면 건강하게 자라기 힘들다. 뿌리는 물과 비료분을 잎과 줄기로 보낸다. 잎이 열심히 벌어온 포도당은 하루를 살아갈 에너지로 사용하고 남은 건 뿌리에 비축한다. 그래서 햇빛과 뿌리를 통해 흡수된 물과 비료분은 난초가 자라는 데 필수요소가 된다.

잎과 뿌리를 역할분담으로 설명하면 이렇다. 잎은 아버지이고 뿌리는 어머니 역할을 감당한다. 잎이 실질적인 돈을 벌어오는 곳이라면 뿌리는 돈을 잘 벌어올 수 있도록 내조하는 역할이다. 그렇다고 내조하는 쪽의 역할이 작다는 의미가 아니다. 오히려 내조하는 역할이 좋아야 밖에 나가서 열심히 돈을 잘 벌어올 수 있다. 그리고 줄기(벌브)를 통해 자녀를 생산해 하나의 공동체 가정을 이룬다.

아버지 역할을 감당하는 잎에 대해 살펴보자. 잎의 앞면은 왁스층으로 견고한 보호막이 형성돼 있다. 햇빛을 받아 광합성이 이루어진 곳이기에 그렇다. 잎 앞면에 보호막이 없으면 빛을 받을 때 타고 말 것이다. 그래서 빛

그림 8. 벌브의 액아(우)가 30일 후 신촉(좌)으로 성장

을 반사시켜 엽록체 손상을 막으려고 두껍게 형성돼 있다.

잎을 통해 광합성이 이뤄지므로 잎은 자연스레 햇빛이 있는 곳으로 향한다. 베란다에서 난초를 기르면서 한쪽 방향으로만 둔다면 난초 잎이 틀어지는 것을 발견하게 된다. 포도당 벌이가 더 잘 되는 쪽으로 향한 자연스런 것이니 굳이 방향을 자주 돌려줄 것까지는 없다.

난초는 빛이 너무 작으면 잎의 면적을 늘리거나 키를 키워 빛을 충분히 받으려고 한다. 희미하게 들어오는 빛이라도 받아들여 허기라도 면해보려고 하는 반응이다. 빛이 너무 많으면 스스로 키를 줄인다. 먹고살 만큼 이상으로 빛이 들어오니 부피를 줄여 스스로를 보호하는 것이다.

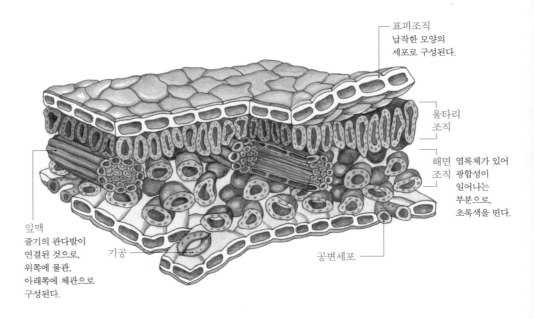

표피조직
납작한 모양의
세포로 구성된다.

울타리
조직

해면 엽록체가 있어
조직 광합성이
일어나는
부분으로,
초록색을 띤다.

잎맥
줄기의 관다발이
연결된 것으로,
위쪽에 물관,
아래쪽에 체관으로
구성된다.

기공

공변세포

그림 9. 잎의 구조

또 빛이 부족하면 잎이 진한 초록색에 가까워진다. 엽록소 함량과 세포 크기를 늘려 한 개의 빛이라도 더 모으려는 몸부림이다. 반대로 빛이 너무 많으면 엽록소가 파괴되어 누르스름하게 변한다. 그래서 빛을 적절히 맞추는 것이 중요하다. 빛이 적절하면 잎이 넓어지고 윤기가 나며 아름다운 초록색이 된다.

뒷면 하표피층에는 기공이 있다. 기공으로 숨을 쉬고 산소와 이산화탄소 교환과 증산을 통한 수분 배출을 한다.

잎의 가운데 잎맥은 사람의 동맥, 정맥과 같은 일을 수행하는 물관과 체관으로 되어 있다. 이들은 각각의 세포에 물을 전달하고 그로 인해 만들어진 포도당을 체관으로 이동시키는 역할을 한다.

어머니의 역할을 수행하는 뿌리는 잎이 돈을 잘 벌어(포도당을 잘 만들어)올 수 있도록 물을 공급하는 보조 역할을 한다. 뿌리 가운데에는 가느다란 실 같은 중심주가 있고 그것을 벨라민층(피층)이 덮고 있다. 중심주는 피층이 흡수한 물과 양분을 잎과 벌브로 이동시키고 벨라민층은 양(전분)·수분을 저장하는 역할을 한다. 외피부는 뿌리털이 발달돼 있는데 뿌리의 역할을 극대화하기 위함이다. 뿌리의 모든 구조가 오직 물과 물에 녹아 있는 비료분(미네랄)을 안정적으로 모으기 위한 시스템으로 진화한 것이다. 이런 이유에서 필자는 난초가 준착생의 삶을 살아간다고 강의에서 말한다.

난초는 뿌리로 물을 구해와 잎에 공급한다. 포도당은 물 6개에 탄소 6개가 결합돼야 생성된다. 포도당 하나를 만드는 데 물이 12개가 필요하다. 그래서 뿌리는 물이 있는 곳으로 한없이 뻗어간다. 뿌리는 아버지가 벌어와 사용하고 남은 포도당을 저장하고 저축하는 역할을 한다. 꿀단지 같은 역할

그림 10. 건강한 뿌리(좌: 피부 색상이 밝은 회백색/ 뿌리 끝 분열조직이 투명한 색으로 건강함)와
건강하지 못한 뿌리(우: 피부 색상이 어두운 갈색/ 뿌리 끝 분열조직이 암갈색)

이다. 그래서 곰팡이와 세균들이 뿌리를 공격한다. 맛있는 영양분으로 자신
들도 살아가겠다는 것이다.

줄기(벌브)는 난초의 생명 유지를 위한 모든 과정을 제어하고 지시한다.
중앙통제소 같은 역할을 한다. 잎이 아프거나 뿌리가 상해도 살아갈 수 있
지만 줄기가 아프면 난초는 사망하고 만다. 그만큼 중요하다. 잎이 없어도,
뿌리가 없어도 줄기가 살아 있다면 생강근을 형성해 새 촉을 만들어내기도
한다.

그래서 원예성이 좋은 1등급 고가의 난을 살 수 있는 형편이 안 되면 상

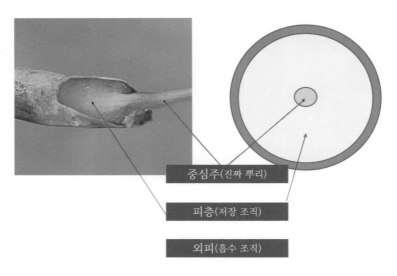

중심주(진짜 뿌리)

피층(저장 조직)

외피(흡수 조직)

그림 11. 뿌리 단면

태가 좋지 않은 줄기라도 싸게 사가려고 힘쓴다. 그곳에서 새로운 촉을 만들어 키우면 좋은 결과를 만들어내기 때문이다.

줄기의 표면은 띠를 형성해 잎을 만들고 잎 안에는 액아가 하나씩 자리하고 있다. 줄기의 아래에는 뿌리가 내려 줄기를 튼튼하게 먹여 살린다. 줄기가 튼튼하면 건강한 잎을 만들어내며 선순환 구조로 의미 있는 결과를 만들어간다.

그림 12. 잎이 없는 벌브가 만들어낸 생강근

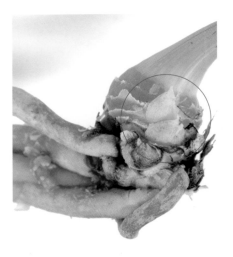

그림 13. 벌브의 띠(층간 마디)와 하나씩 붙어 있는 액아

part 3. 한국춘란 완전정복, 난초를 알아야 돈을 번다

75

춘란의 가치는 엽예와 화예로 나누어 매긴다

춘란으로 부업에 성공하려면 난초에 대한 지식이 있어야 한다. 생리적 특성과 구조적 특성을 완전히 파악하고 접근해야 한다. 나아가 어떤 장르의 난초를 구입해 의미 있는 결과를 만들어낼 수 있을지도 알아야 한다. 어쩌면 종류와 품종이 부업의 성패를 좌우하는 키가 될 수 있다. 사람들이 관심을 가질 만한 품종을 선택해야 출하할 때 어려움을 겪지 않기 때문이다.

난초는 크게 엽예(葉藝)와 화예(花藝)의 두 계열이 있다. 두 계열 안에서도 25개의 종류(장르)가 있고 또 그 안에서 계열과 등급 및 서열이 나뉜다. 이 부분을 이해할 수 있어야 자신이 어떤 계열의 난초로 결과를 만들어낼 수 있을지 설계가 가능하다.

난초는 시합이라는 전시회로 작품의 가치를 인정받는다. 시합에서 자웅을 겨룰 때는 엽예와 화예로 나누어 치러지며 엽예는 9종류로 화예는 16종류로 또 나뉜다. 그 안에서 계열별로 최고를 가려 상을 준다. 상을 받은 난

그림 14. 엽예품(좌: 9개 종류(장르))과 화예품(우: 16개 종류(장르))

초들이 가치를 부여받고 그 가치에 따라 가격이 책정되는 경우가 많다. 이 들은 각 하나씩의 예(藝: 감상할 만한 가치가 있는 정확한 돌연변이)를 부여받는 다. 예는 각 장르의 특성(변이)을 뜻하며 1예(一藝) 또는 단예(單藝)라 한다.

그다음으로는 여러 가지의 예가 복합적으로 작용돼 작품성을 인정받는 다예품(多藝品)이 있다. 원예성을 인정받는 예를 두 가지에서 세 가지 갖추 고 있는 것에 더 큰 가치를 부여하는 것이다. 다예품을 이해하기 전에 먼저 한국춘란의 분류 체계로 전체를 이해하면 좋겠다. 기본을 알아야 응용도 가 능하기 때문이다. 다음은 한국춘란의 구분표이다.

한국춘란 변이 종(種) 분류 체계

보춘화(민춘란 – standard) – *Cymbidium-goeringii*		
변이 종(種) 2계 8그룹 25종류		

엽예 3그룹 (9종류)

- 무지문 그룹
  - 미엽
  - 환엽
  - 단엽
- 줄무늬 그룹
  - 산반
  - 복륜
  - 호·중투
- 얼룩무늬 그룹
  - 서반
  - 호피반
  - 사피반

화예 5그룹 (16종류)

- 무지화 그룹
  - 원판화
  - 소심화
  - 기형화
  - 두화
- 색화 그룹
  - 자색화
  - 홍색화
  - 주금색화
  - 황색화
  - 백색화
- 줄무늬화 그룹
  - 산반화
  - 호·중투화
  - 복륜화
- 얼룩무늬화 그룹
  - 서반화
  - 사피화
- 안토시안화 그룹
  - 색설화
  - 수채화

춘란의 전체 구분표를 이해했다면 이제는 엽예와 화예를 구체적으로 살펴보자. 엽예라는 말은 아름다운 예술적 가치가 잎에 나타났다는 말이다. 엽예는 계절에 상관없이 아름다움을 감상할 수 있다는 장점이 있다.

반면 화예는 꽃의 아름다움에 예술적 가치를 부여한다. 한국춘란의 백미는 꽃에 있다. 우리는 아름다운 꽃을 피우기 위한 머나먼 여정을 걷는 셈이다. 꽃을 감상하고 연출해내는 요소가 엽예에 비해 훨씬 깊고 넓다. 꽃은 색

그림 15. 엽예 감상 백미의
3경 중 1경은 5~6월경
신아가 30~40% 자랄 때이다.
이때는 손주·손녀의 재롱을
보는 듯해 매일같이 난실로
유혹한다.

그림 16. 2경은 신촉이 60~70% 자랐을 때로
예쁨을 넘어 아름다움을 발산한다.
이때는 제법 어른 티가 나는 풋풋함이 매력적이다.

그림 17. 신아가 다 성장하면 하나의 작품이 완성되고 다음 자식을 잉태한다.
뒤촉을 출하할 수 있는 단계라 수확의 즐거움이 있다. 이를 3경이라 한다.

감과 형태에 따라 다양한 예가 나타나므로 그 기준을 잘 살펴서 접근해야 한다.

화예에는 한국적인 아름다움이 있다. 이를 필자는 코리아스타일 또는 국수풍이라고 표현한다. 일본춘란과 중국춘란, 교배종에서는 볼 수 없는 매우 독창적인 매력이다. 그래서인지 미국에서도 자연생 한국춘란 꽃을 더 선호한다고 현지 애호가들은 말한다.

잎과 꽃에 나타난 어떤 부분이 아름다움의 기준이 되고 사람들에게 인정받는지를 알아야 품종 선택할 때 도움이 된다. 또한 자신이 난초를 어떻

그림 18. 화예 감상 백미의 3경 중 1경은
꽃봉오리에 색상이 물들어가는 것을
볼 때다.

그림 19. 2경은 꽃잎이 한 장씩 열리며
주인과 얼굴을 대면할 때이다. 눈에 아른거려 잠시라도 난실을 벗어날 수 없다.

part 3. 한국춘란 완전정복, 난초를 알아야 돈을 번다

그림 20. 3경은 꽃잎이 활짝 펴져 아름다운 자태를 뽐낼 때이며 은은한 향기와 더불어 공모전에 출품을 할 수 있겠다는 즐거움을 느끼는 단계이다.

게 길러야 하는지 그림을 그려낼 수 있다. 도달해야 할 목표점을 정확히 알고 나아가는 것이다. 그러면 엽예계와 화예계에 속한 종류와 아름다움의 기준을 살펴보도록 하자.

엽예

1. 무지 그룹 - 잎에 무늬가 없으면서도 키가 짧거나 잎의 형태가 수려한 종류

미엽(美葉)	주 감상 포인트	단·환엽은 아니지만 작고 아담한 엽형을 감상
	잎은 환엽과 유사하나 끝이 뾰족해서 환엽에는 속하지 않거나 조금 긴 느낌의 종류를 말한다. 이들도 50%쯤은 단엽의 형질을 가지고 있는데 환엽에 가까울수록 더 아름답게 여긴다.	
환엽(丸葉)	주 감상 포인트	단엽에 못 미치지만 짧고 동글동글한 엽형을 감상
	잎은 단엽과 유사하나 라사엽 특성이 없으며 단엽에 비해 약간 크고 잎의 끝과 전반적인 체형이 동글동글한 종류를 말한다.	
단엽(短葉)	주 감상 포인트	잘 발달한 라사. 잎이 짧은 난으로 외성화 된 모양을 감상
	민춘란의 길이(키)가 돌연변이에 의해 아주 짧아진 종류를 말한다. 잎 표면의 세포가 쩌부러져 쪼글쪼글한 라사가 발현된 것을 라사단엽이라 하며 최고로 친다.	

2. 줄무늬 그룹 - 잎에 황색이나 백색의 수려한 줄무늬가 세로로 나타난 종류

산반(散斑)	주 감상 포인트	초록색 잎 위에 자수를 놓은 듯 정교하게 긁어내린 듯한 무늬색의 섬세한 선을 감상
	초록색 잎 표면에 짧은 선들이 섬세하게 연결돼 긁힌 듯한 형태의 무늬를 말한다. 무늬 변화가 심하고 신촉이 나올 때 가장 화려해 봄의 전령사라 부른다.	
복륜(覆輪)	주 감상 포인트	초록색 잎 위에 붓으로 그린 듯 나타난 테두리 무늬의 깊이와 두께와 색상을 감상
	중투의 정반대 현상으로 잎의 가장자리에 무늬색이 나타나며 잎 끝에서 기부(잎의 아래쪽)를 향해 나타난 것을 말한다. 무늬가 깊게 들고 황색인 것을 최고로 친다.	

그림 21. 민춘란(좌상) | 그림 22. 미엽(우상) | 그림 23. 환엽(좌하) | 그림 24. 단엽(우하)

그림 25. 산반(좌상) | 그림 26. 복륜(우상) | 그림 27. 중투

part 3. 한국춘란 완전정복, 난초를 알아야 돈을 번다

호·중투(鎬·中透)	주 감상 포인트	초록색 잎 위에 가운데로 붓으로 그린 듯 나타난 무늬의 색상과 초록색과의 색 대비를 감상
	가운데 무늬색을 보호하는 녹색의 깊은 고깔이 있어야 하며 가운데 무늬가 속을 꽉 채우지 못하고 한 줄 또는 여러 줄로 된 것은 호(중투 되다가 만 것)라고 부른다.	

3. 얼룩무늬 그룹 – 잎에 황색이나 백색의 수려한 무늬가 가로로 나타난 종류

서반(曙斑)	주 감상 포인트	초록색 잎 위에 나타난 노란색이나 백색의 구름무늬를 감상
	잎에 무늬가 가로로 나타나며 잎(하늘)에 구름이 떠다니듯 나타나는 종류를 말한다. 무늬가 소멸되지 않고 오래 남아 있는 것들이 좋으며 호피반과는 또 다른 아름다움이 있다.	
호피반(虎皮斑)	주 감상 포인트	서반에 비해 비교적 진하고 또렷한 노란색이나 백색의 가로형 마디를 감상
	호랑이의 가죽에 나타난 얼룩무늬와 비슷하다 해서 호피반이라고 한다. 서반에 비해 무늬 경계가 더 또렷하게 나타나며 가로로 또렷하고 진하고 크고 화려할수록 좋다.	
사피반(蛇皮斑)	주 감상 포인트	초록색 잎 위에 나타난 서반 무늬에 나타난 녹색의 기러기 반점 군무를 감상
	점박이 무늬가 뱀의 비늘과 비슷하다 해서 사피반이라 한다. 구름무늬(서반) 안에 녹색 점들이 불규칙하게 마치 붓으로 그려놓은 듯한 무늬를 말한다. 또렷하고 진하고 크고 화려할수록 좋으며 소멸이 느릴수록 좋다.	

그림 28. 서반(좌상)
그림 29. 사피반(우상)
그림 30. 호피반

part 3. 한국춘란 완전정복, 난초를 알아야 돈을 번다

화예

1. 무지화 그룹 – 꽃은 민춘란이면서도 형태가 수려하거나 독특한 종류

기형화(奇形花)	주 감상 포인트	정형을 벗어나 기형으로 나와 독특한 가운데 나름 정연한 형태를 감상
	꽃이 피었을 때 내·외삼판 중 전체 또는 일부가 비정상적 형태로 피는 것을 말한다. 꽃송이 수가 많은 것, 꽃잎의 개수가 작거나 많은 것, 각 꽃잎의 형태가 정상과 많이 다른 것, 봉심 끝에 화육이 뭉쳐진 것(투구화), 입술의 수가 많은 것, 입술과 꽃잎이 붙은 것들이 있다. 해마다 비슷하게 피어야 좋고 나름 기형이라도 지저분하지 않고 아름다워야 한다.	
소심화(素心花)	주 감상 포인트	꽃 전체 붉은 선과 점이 없는 초록색만 있는 초록과 순백의 조화를 감상
	꽃이 피었을 때 내·외삼판과 화경 포의 모두에서 안토시안 색소에 의한 붉은 선이나 반점이 없고 순판(舌 lip)에도 립스틱이 발현되지 않고 전체가 백색인 것을 말한다. 우리나라에서 가장 좋아하는 종류로 다른 변이와 동반하는 경우는 그 가치가 매우 높다. 화경 포의 모두에서 붉은 선이 없을수록 좋다. 전혀 없는 것을 순(100%)소심이라 한다. 조금 또는 일부에 나타나면 준소심이라 한다.	
원판화(圓瓣花)	주 감상 포인트	외삼판(주·부판)이 구슬을 모아놓은 듯한 동글동글한 꽃잎의 형태를 감상
	꽃이 80% 이상 피었을 때 폭 대비 길이가 1/1.5~1.9까지로 두화보다는 조금 늘어진 장타원 형태를 말한다. 원판화 중 꽃잎 끝이 쥐꼬리처럼 뾰족하면 하화(荷花)판으로 부르는데 이도 귀하고 매우 아름답다. 외삼판의 정삼각 원형이 정확하고 꽃잎이 두꺼울수록, 꽃이 클수록 좋다.	
두화(豆花)	주 감상 포인트	내·외삼판 6장의 모든 꽃잎이 모두 구슬을 모아놓은 듯한 동글동글한 꽃잎의 형태를 감상
	꽃이 80% 이상 피었을 때 6장의 내·외삼판 모두의 꽃잎 볼륨이 폭 대비 길이가 1.5 이하로 마치 반으로 쪼개진 6개의 완두콩을 모아둔 듯한 형태를 말한다. 두화는 꽃잎의 형태적 유전학적 측면으로 볼 때 최고의 돌연변이다. 둥근 형태. 6장의 꽃잎의 폭 대비 길이가 원판화보다는 확실히 짧아야 한다. 꽃잎이 두꺼울수록, 꽃이 클수록 좋다.	

그림 31. 민춘란

part 3. 한국춘란 완전정복, 난초를 알아야 돈을 번다

그림 32. 봉심 변이-투구화(좌상), 봉심 변이-삼설화(우상),
설판 변이-육(6)판화(좌하), 다설 변이-다설화(우하)

그림 33. 소심(좌상) | 그림 34. 원판화(우상) | 그림 35. 두화(좌하) | 그림 36. 자화(우하)

part 3. 한국춘란 완전정복, 난초를 알아야 돈을 번다

그림 37. 홍화(좌상) | 그림 38. 주금화(우상) | 그림 39. 황화(좌하) | 그림 40. 백화(우하)

2. 색화 그룹 – 꽃잎이 녹색이 아닌 자, 홍, 주금, 황, 백색으로 피는 종류

	주 감상 포인트	초록색이 아닌 자주색이 주·부판과 봉심에 진하고 고르게 나타난 색상을 감상
자색화(紫色花)		꽃이 80% 이상 피었을 때 6장의 내·외삼판 모두의 꽃잎이 자주색으로 개화한 것을 말한다. 꽃잎의 표피층에 색소가 있어서 개화 시 꽃잎이 늘어나는 것을 매우 주의해야 한다. 색이 진할수록 좋다. 만개를 해도 색상이 달아나지 않으면 더욱 좋다.
	주 감상 포인트	초록색이 아닌 붉은색이 주·부판과 봉심에 진하고 고르게 나타난 색상을 감상
홍색화(紅色花)		꽃이 80% 이상 피었을 때 6장의 내·외삼판 꽃잎이 붉은색으로 개화한 것을 말한다. 색상이 쉽게 나타나지 않는 종류부터 가만히 두어도 색상이 잘 나타나는 것들까지 있다. 주·부판과 봉심에 진하고 고르게 나타나며 색상이 밝고 진할수록 좋다. 만개를 해도 색상이 엷어지지 않아야 좋다.
	주 감상 포인트	초록색이 아닌 주금색이 주·부판과 봉심에 진하고 고르게 나타난 색상을 감상
주금색화(朱金色花)		꽃이 80% 이상 피었을 때 6장의 내·외삼판 모두의 꽃잎이 주금색(붉은+황금색)으로 번쩍거리며 개화한 것을 말한다. 주금색이란 붉은 황금색이란 뜻이다. 색상이 엷은 것에서 홍시 정도의 진한 색까지 나타난다. 색상이 주·부판과 봉심에 진하고 고르게 나타나면 좋고 너무 홍색에 가깝기보다는 주금 본연의 색이 잘 나타나야 한다.
	주 감상 포인트	초록색이 아닌 황색이 주·부판과 봉심에 진하고 고르게 나타난 색상을 감상
황색화(黃色花)		꽃이 80% 이상 피었을 때 6장의 내·외삼판 꽃잎이 누런색이 아닌 해바라기처럼 노란색으로 개화한 것을 말한다. 화경은 초록색이어야 진짜다. 색상이 엷은 것에서 노란 튤립처럼 진한 색까지 있다. 잎이 누런 서에서 피면 서 황화(50%짜리)라 한다. 색상이 주·부판과 봉심에 진하고 고르게 나타나면 좋고 빛을 많이 발산하는 진노랑(황+황)색을 최고로 친다.
	주 감상 포인트	초록색이 아닌 백색이 주·부판과 봉심에 진하고 고르게 나타난 색상을 감상
백색화(白色花)		꽃이 80% 이상 피었을 때 6장의 내·외삼판 꽃잎이 허연색이 아닌 백합처럼 백색으로 개화한 것을 말한다. 화경이 초록색이 아니면 대부분 진짜 백화가 아니다. 우리나라에서 가장 귀한 색상이다. 색상이 주·부판과 봉심에 진하고 고르게 나타나면 좋고 서산반에서 피는 백화를 산반 백화(50%짜리)라 한다. 빛을 많이 발산하는 백합과 같은 색을 최고로 친다.

그림 41. 산반화(좌상) | 그림 42. 복륜화(우상) | 그림 43. 중투화(하)

3. 줄무늬화 그룹 – 꽃잎에 황색이나 백색의 수려한 줄무늬가 세로로 나타난 종류

산반화(散斑花)	주 감상 포인트 (엽예-산반참고)	초록색 꽃잎 위에 나타난 산반(p83 산반 참고) 무늬를 감상
	잎의 산반 무늬가 그대로 꽃잎으로 옮겨진 것을 말한다. 꽃이 80% 이상 피었을 때 6장의 내·외삼판 모두의 꽃잎에 수를 놓은 질감으로 산반무늬가 정확하게 나타나면 좋은데 아주 귀하다. 무늬 색상은 적색이 가장 귀하고 주금색도 귀하다. 무늬색과 녹색의 보색이 선명할수록 좋다.	
복륜화(覆輪花)	주 감상 포인트 (엽예-복륜참고)	초록색 꽃잎 위에 나타난 복륜(p83 복륜 참고) 무늬를 감상
	잎의 복륜 무늬가 그대로 꽃잎으로 옮겨진 것을 말한다. 꽃이 80% 이상 피었을 때 6장의 내·외삼판 모두의 꽃잎에 복륜의 줄무늬가 정확하게 나타나면 좋다. 중투화의 반대 현상으로 적색이 가장 귀하고 주금색도 귀하다. 중투와 마찬가지로 무늬색과 녹색의 보색이 선명할수록 좋다.	
호·중투화(鎬·中透花)	주 감상 포인트 (엽예-중투참고)	초록색 꽃잎 위에 나타난 중투(p86 중투 참고) 무늬를 감상
	잎의 호나 중투 무늬가 그대로 꽃잎으로 옮겨진 것을 말한다. 꽃이 80% 이상 피었을 때 6장의 내·외삼판 모두의 꽃잎에 호나 중투의 줄무늬가 정확하게 나타나면 좋다. 적색이 가장 귀하고 황색도 귀하다. 무늬색과 테두리색의 대비가 선명할수록 좋다.	

4. 얼룩무늬화 그룹 – 꽃잎에 황색이나 백색의 수려한 줄무늬가 가로로 나타난 종류

서반화(曙斑花)	**주 감상 포인트** (엽예–서반참고)	초록색 꽃잎 위에 나타난 서반(p86 서반 참고) 무늬를 감상
	잎의 서반 무늬가 그대로 꽃잎으로 옮겨진 것을 말한다. 꽃이 80% 이상 피었을 때 6장의 내·외삼판 모두의 꽃잎에 서반무늬가 정확하게 나타난 것이 좋다. 무늬 발현이 화려할수록 좋으며 소멸이 작을수록 좋다.	
사피화(蛇皮花)	**주 감상 포인트** (엽예–사피참고)	초록색 꽃잎 위에 나타난 사피반(p86 사피반 참고) 무늬를 감상
	꽃잎의 서반 무늬가 그대로 꽃잎으로 옮겨진 것을 말한다. 꽃이 80% 이상 피었을 때 6장의 내·외삼판 모두의 꽃잎에 사피반 무늬가 정확하게 나타난 것이 좋다. 아직 세계적으로 그 수가 너무 희소하다. 무늬색상이 적, 주금, 황, 백, 연한녹색으로 나오는데 적색이 가장 귀하다. 무늬 발현이 화려할수록 좋으며 소멸이 작을수록 좋다.	

그림 44. 서반화(좌) | 그림 45. 사피화(우)

5. 안토시안화 그룹 – 꽃은 민춘란이면서도 꽃잎 안쪽과 입술이 아름다운 종류

색설화(色舌花)	주 감상 포인트	립스틱(설점)이 입술(舌) 전면에 나타난 모양을 감상
	꽃이 100% 피었을 때 입술(舌)의 립스틱이 전체 또는 대부분에 붓으로 그린 듯한 자색에서 붉은색이 정확하게 나타난 것을 말한다. 붉은색이 좋으며 입술 전체에 지저분하지 않고 깨끗한 것일수록 좋다.	
수채화(水彩畫)	주 감상 포인트	초록색 꽃잎 안쪽 면에 나타난 물감으로 그린 듯한 얼룩 무늬를 감상
	꽃이 80% 이상 피었을 때 안토시아닌(화근색소) 발현 부위가 꽃잎의 내측에 붓으로 그리거나 물감을 뿌린 듯 나타난 것을 말한다. 정면에서 볼 때 주·부판 면적의 30% 이상이 나타나야 하며 60~70%가 좋다. 꽃잎 전체에 나타난 자주색 물방울 형상이 지저분하지 않고 깨끗한 것일수록 좋다.	

그림 46. 색설화(좌) | 그림 47. 수채화(우)

엽예품과 화예품의 장단점을 이해하라

난초로 취미나 부업을 하려면 두 계열의 장단점을 이해하고 시작하는 것이 좋다. 그 선택에 따라 목표를 달리 설정해야 하기 때문이다.

엽예는 감상을 목적으로 기르는 난초이다. 사계절 내내 잎에 나타난 무늬를 감상할 수 있는 것이 최고의 매력이다. 볼 때마다 가슴이 설렌다. 식물을 통해 얻을 수 있는 다양한 효능과 효과를 매일 경험할 수 있어 좋다. 특히 봄에 새싹이 표토를 뚫고 나올 때의 아름다움은 말로 형언할 수 없다. 난초를 기르는 사람들은 새싹(신아)이 나올 때가 제일 기쁘고 설렌다고 이야기할 정도로 기대가 크다. 어떤 무늬를 띠고 나올지를 예측하고 기다리는 마음은 자녀가 세상에 태어날 때의 기다림과 견주어도 부족하지 않다.

엽예품들을 베란다로 들여놓으면 한시도 그 자리를 벗어나고 싶지 않을 만큼 예쁘다. 중투, 복륜, 산반, 호피반, 서반, 사피반들이 무늬 색상을 완성해가는 모습만 봐도 배부를 정도다. 개성이 넘치는 무늬로 새싹이 나와 자라는 난초들은 삶의 원동력이 된다.

그러나 단점도 있다. 엽예는 기르는 데 세심한 주의가 필요하기 때문이다. 기르다가 실수를 해서 잎에 상처가 나거나 병충해의 흔적이 나타나면 상품 가치가 떨어진다. 보기에는 좋지만 난초를 기르는 것이 만만치 않다. 잎에 엽록소가 부족해 광합성 작용에 불리한 점도 있다. 건강하게 기르기가 쉽지 않다는 말이다. 그렇다고 두려워할 필요는 없다. 건강하고 세력이 좋은 난초를 구입하면 탈이 날 확률이 현저히 낮아지기 때문이다.

엽예는 구매하거나 출하할 때 동일 품종이라도 무늬 발현에 따른 미적 감상가치가 선택의 기준이 된다. 돌연변이가 잎으로 나타난 것이라 1촉씩 떼어서 거래하면 탈이 날 확률이 높다. 조금만 탈이 나도 상품성이 떨어지기 때문이다. 그래서 1촉이 아닌 1.5촉에서 2.5촉으로 거래가 되므로 화예품에 비해 수익성도 좋다. 여기서는 최소 단위인 1촉을 기준으로 이야기한 것이므로 오해가 없기를 바란다. 엽예는 무늬가 발전하면 화예에 없는 큰 보너스가 주어지기도 한다.

화예는 꽃이 피었을 때가 감상의 백미다. 세상 어느 꽃과 견주어도 비교가 되지 않을 정도다. 필자는 난초를 기르고 있어서 그런지 모르지만 이 세상에 있는 꽃 중에 난초 꽃이 가장 아름답다. 대구 생화 도매시장에서 일을 한 적도 있는데 난초 꽃만 한 것을 보지 못했다. 온 마음과 정신이 혼미해질 정도다. 어떤 말로도 형언할 수 없을 정도로 아름답다. 사실 한국춘란 꽃은 미인에 견주어 관조하는 의인화 철학이 녹아 있는 지구 유일의 꽃이다. 조직배양한 것이나 중국, 일본춘란, 동양란과 양란은 감히 범접할 수 없다. 필자의 미국 팬들의 말을 빌리면 한국춘란만큼은 미국인들의 발길도 사로잡는다고 한다.

　전시회가 열리면 난초를 모르는 사람들이 많이 방문하는데 그들도 꽃을 보면 입을 다물지 못한다. 문외한도 탄성을 지르게 하는 것이 난초 꽃이다.

　화예품은 초보자들이 부담 없이 기를 수 있다는 장점을 갖는다. 엽예품에 비해 광합성이 잘돼서 쑥쑥 잘 자라기 때문이다. 혹시 잎에 탈이 나도 판매에 큰 영향을 주지 않는다. 물론 깨끗하고 건강한 난초보다는 가치가 떨어지겠지만 엽예품에 비해 영향이 적다는 말이다.

　화예품으로 감상의 백미를 느끼려면 기다림은 필수다. 그래서 난초를 기다림의 미학이라고 한다. 1촉에서 시작해 꽃을 보려면 3~4년은 기다려야 하기 때문이다. 꽃을 피우다 원하는 색감으로 피지 못하면 다시 또 1~2년을 기다려야 한다. 내 마음대로 되지 않는 게 난초다. 그래서 더 가치가 있는 것 같다. 인고의 세월을 견디고 세상에 하나밖에 없는 꽃을 피우니 말이다.

　화예품은 매매할 때 사진을 보고 매매가 이루어지는 게 보통이다. 여기서 주의할 점이 있다. 이미 검증된 꽃(명명품)은 사진으로 충분하지만 새로운 품종은 사진만 보고 결정하면 안 된다. 아직 검증의 단계를 거치지 않았기 때문이다. 그래서 반드시 꽃 실물을 보고 선택해야 한다.

　화예품 매매의 장점은 또 있다. 덜 자란 절반 촉으로도 매매가 되며 꽃이 핀 상태에서 매매가 이뤄지면 당시 핀 꽃의 가격도 책정된다. 예를 들어 4촉에 꽃이 3송이가 피었다면 총 7개의 가치를 부여해 가격이 매겨지기도 한다는 것이다. 아름답게 꽃을 피우면 그 꽃의 가치도 인정받으므로 기쁨이 배가 된다. 화예품은 2월 형형색색의 꽃봉오리를 50% 개화 시까지 애피타

이저로 감상하는 재미가 있다. 엽예에서 새싹이 벌어지는 것을 감상하는 것과 같은 맥락이다.

엽예품과 화예품의 장단점을 간략하게 정리해보았다. 자신의 환경과 추구하는 방향에 따라 품종 선택을 하면 좋겠다.

엽예품의 대표적인 품종

그림 48. 천종(좌상) | 그림 49. 아가씨(우상) | 그림 50. 신라(좌하) | 그림 51. 곤룡포(우하)

part 3. 한국춘란 완전정복, 난초를 알아야 돈을 번다

화예품의 대표적인 품종

그림 52. 천종(좌상) | 그림 53. 원명(우상) | 그림 54. 대홍보(좌하) | 그림 55. 황금소(우하)

그림 56. 여울(좌상) | 그림 57. 진주소(우상) | 그림 58. 명금보(하)

part 3. 한국춘란 완전정복, 난초를 알아야 돈을 번다

난초는 진심으로 대해야 한다

세상살이 중에 진심으로 대하지 않을 일은 단 한 가지도 없다. 음식을 만들어 팔아도 식당주인의 진심이 담겨야 손님이 끊이지 않는다. 진심을 잃어버린 업주나 진심을 외면한 상품은 금방 소비자에게 들통이 나기 마련이다.

아쉽게도 현실은 진심보다 빠른 결과와 내 이익을 바라는 이기심이 먼저다. 결과가 좋으면 거짓도 불법도 묵인되고 용인되다 보니 겉으로 드러난 것에만 신경쓴다. 내면의 가치를 확고하게 세우기보다 어떻게 하면 화려하게 치장하고 그럴듯하게 보일지에 관심을 쏟는다. 어쩌면 진심과 진실을 들여다볼 시간적 여유가 없다고 해도 될 것 같다. 그러나 경험으로든 역사를 보든 진실하지 않은 것은 반드시 드러나며 좋지 않은 결과를 만들어내기 마련이다.

난초를 키우는데 웬 진심 타령인가 할 거다. 난초가 가진 인문학적인 가치를 모른다 하더라도 난초를 대하는 태도가 무엇보다 중요하다는 말을 전하기 위해서다. 말 못하는 것들도 진심으로 자기를 대하고 사랑하는지, 아니면 가식적으로 대하고 있는지 알고 있다. 때론 지나친 관심과 사랑이 독이 되기도 하지만 진실한 마음과 태도가 중요하지 않은 일은 없다.

생수가 담긴 컵에 한쪽에는 욕과 저주를 퍼붓고, 다른 한쪽 물에는 사랑과 애정을 쏟은 후 물의 결정체를 검사했다. 그랬더니 욕과 저주를 퍼부은 물은 썩어버렸고, 사랑과 칭찬의 소리를 들은 물은 육각수로 변했다고 한다. 생수도 진심을 다해 사랑하는 것과 그렇지 않은 것에 큰 차이가 있는데 하물며 고등식물인 난초는 오죽하랴. 난초는 식물 중에는 최고의 단계로 진화한 고등식물이다. 스스로 진화하며 다른 종으로 변이를 일으킨다. 그래서 더욱 진심으로 대해야 한다.

난초는 야생에서 자란 것들을 채집해 인간 생활의 터전으로 들여온 것이다. 난초의 본거지를 인간이 강제로 바꾸어버린 것이다. 삶의 터전이 바뀌었으니 얼마나 살기 힘들겠는가. 좁은 화분 속에서 살아야 하는 난초를 생각하면 자신이 할 수 있는 최선을 다해야 한다. 진심으로 난초를 대할 때 난초도 우리에게 고마움의 표현을 한다. 튼실한 잎과 뿌리를 선물해주고 아름다운 꽃을 피워준다.

필자는 교육을 할 때 난초와 결혼하는 심정으로 기르라고 말해준다. 결혼은 나의 이익을 위해서 하는 것이 아니라 서로의 행복을 위해 남녀가 결합하는 것이다. 상대를 배려하고 사랑의 마음으로 다가설 때 행복한 가정생활을 이어갈 수 있다. 자기만의 방식으로 상대를 대해서도 곤란하다. 상대가 좋아하고 싫어하는 것은 무엇인지, 상대가 지금까지 자라온 환경에 대해서도 꼼꼼하게 살펴야 한다. 이런 노력이 행해졌을 때 자녀도 건강하게 자

그림 59. 한국춘란 부업농 필수 기본 기술 2급 과정 교육 장면

랄 수 있다. 이런 결혼생활의 과정을 난초와 연결해 생각한다면 자신이 어떻게 대해야 할지 알 수 있을 것이다.

춘란의 세계를 필자는 이렇게 비유적으로 설명한다.

"알고 행하면 천국이고 모르고 행하면 지옥이다."

정말이다. 난초를 온전히 알고 접근하면 이 세계는 천국과 다름없다. 월 100만 원 부업은 어렵지 않다는 말이다. 반대로 난초의 세계를 모르고 돈만 벌려는 목적으로 접근하면 실패할 확률이 높다. 난초는 농업이며 주인의 발자국 소릴 듣고 자라기 때문이다.

베란다로 들여온 난초들이 시들시들해지고 투자한 만큼 효과를 올리지 못하면 지옥과 같은 마음으로 살게 된다. 그래서 난초의 세계를 잘 이해하고 진심어린 마음으로 대하려고 노력해야 한다.

난초에 대한 진심은 무엇일까? 도쿄에서 개최된 세계난초대회에서 호

접란으로 대상을 받아 벤츠를 선물로 받은 이에게서 찾을 수 있다. 그의 인터뷰를 보았는데 많은 부분에 공감이 갔다. 그는 날마다 난초와 대화를 한다고 했다. 출근하고 퇴근할 때마다 인사를 나누며 진심어린 소통을 했더니 세계대회에서 상을 받을 수 있는 난초가 되었다고 했다.

일본에는 '기적의 사과'로 유명한 기무라 아키노리(木村秋則)가 있다. 그의 영농철학은 '진심영농'이다. 사과나무를 재배하는 데 진심을 덧입힌다. 손쉽게 재배해 수확하는 것이 아니라 무농약으로 사과를 재배해 성공을 이끌어낸다. 그의 영농철학은 단순히 무농약 재배가 아니라 사과나무를 이해하고 연구하는 것이다. 사과밭도 연구하고 그곳에 살아가는 생물을 이해하며 농사를 짓는다. 진심을 다하며 사과나무와 이야기를 나누고 소통한다. 자연 생태계를 이해하며 길러서인지 그의 사과는 썩지 않고 맛도 좋다고 전해진다.

한 개에 2~3만 원 하는 사과도 진심을 다하면 좋은 결과를 선물한다. 사군자의 으뜸인 난초, 한 촉에 억 소리 나는 난초는 두말할 필요도 없다. 난초에게 진심을 다할 때 난초도 우리에게 많은 것으로 보답해줄 것이다. 난초로 부업을 꿈꾼다면 '진심이 키운다'라는 슬로건을 걸고 시작하면 어떨까. 그러면 항상 웃음꽃이 만발하는 농사가 될 것이다.

베란다가
가장 좋은
점 포 다

베란다가 가장 좋은 점포다

　가게에서 장사를 시작하려면 가장 중요한 일은 점포를 구하는 일일 것이다. 가진 돈과 맞아야 하고 사람들의 왕래가 많은 길목이면 더할 나위 없다. 그 후에는 인테리어, 부대시설, 가게 세 등 들어가는 비용을 계산해야 한다. 아이디어가 좋은 사업일지라도 투자비용을 생각하면 쉽게 시작하기가 어렵다. 또한 실패에 대한 부담도 시작을 망설이게 한다. 그러다 보면 기회는 점점 멀어지고 다른 사람이 차지하는 경우를 본다.

　어떤 사업을 시작하든 적잖은 비용이 들어가지만 춘란은 그에 비해 비용이 거의 들지 않는 편이다. 난초를 구입하는 비용 외에는 몇 십만 원이면 끝이다. 베란다라는 가장 좋은 점포가 있기 때문이다.

　춘란은 잎이 크고 넓은 동양란과 달리 실내에서 기를 수 없다. 매일 먹어야 하는 밥인 광합성을 해야 하기 때문이다. 햇빛이 필요하다는 말이다. 적절한 햇빛, 적정한 온도, 통기도 필요하다. 주기적으로 물도 흠뻑 줘야 한다. 이 모든 조건을 완벽하게 갖추고 있는 곳이 베란다이다.

베란다에서 춘란이 바라는 4가지가 있다.

첫째, 겨울에 얼어 죽지 않는 것이다. 얼어 죽지 않게 하려면 가급적 영상 5~7도를 맞추어주면 된다.

둘째, 배고파 굶어 죽지 않는 것이다. 굶기지 않으려면 6,000lux로 연간 가급적 2,500시간을 맞추어주면 된다.

셋째, 생육적온을 바란다. 생육에 적정한 온도로는 여름 주간 26도, 야간 20도를 맞추어주면 된다.

넷째, 꽃이 마르지 않는 것이다. 꽃이 마르지 않게 가급적 70~80%의 습도를 맞추어 준다.

온도는 계절별로 냉난방 겸용 벽걸이 에어컨을 설치하면 편리하다. 습도는 부족시에 가습기를 사용하면 좋다. 조도는 샤오미 미홈(Mi Home) 시스템으로 LED 식물등을 사용하면 편리하다. 이것만 갖추면 베란다에 난초를 걸 수 있는 화분걸이와 난초만 있으면 준비는 끝이다. 여기에 비료, 병충해를 예방하고 치료하는 몇 가지 농약 정도만 있으면 된다.

설령 아파트 방향이 좋지 않아 햇빛이 조금 부족해도 괜찮다. LED 식물등을 활용하면 광합성 요율을 충분하게 확보할 수 있기 때문이다. 냉·온방, 에어컨, 가습기, LED 식물등만 있으면 되니 점포에 들어가는 비용은 다른 사업에 비하면 거의 들지 않는다고 할 수 있다.

그렇다고 꼭 베란다에서만 난초를 기를 수 있는 것은 아니다. 자신이 거주하는 곳이 주택이어도 상관없다. 주택에서 베란다처럼 활용하는 공간이 있다면 얼마든지 난초를 기를 수 있다. 또한 옥상과 정원에 난실을 지어서 성공한 사례도 많다.

베란다에서 부업으로 난초를 시작한 난실을 소개하려 한다. 이제 막 발걸음을 뗀 초보자부터 몇 년의 경력자까지 있다. 저마다 수익창출에 대한 목표를 세우고 접근하고 있으니 화분이 많고 적음에 대해서는 신경쓰지 않아도 된다. 난실이 어떻게 구성돼 있고 어떻게 난초를 기르고 있는지를 중심으로 보면 된다. 그리고 자신의 환경과 비교해서 난초를 키워도 될 것 같으면 난초로 월 100만 원을 버는 데 도전해보는 것도 좋겠다.

베란다 난실들

1. 미니형 – 문신자님

경력	1년	지역	익산
분수	5화분	연 소득	300만 원

2. 슬림형 - 김봉수님

경력	2년	지역	서울
분수	40화분	연 소득	1,500만 원

그림 1. 문신자님 난실

그림 2. 김봉수님 난실

part 4. 베란다가 가장 좋은 점포다

3. 표준형-김광업님

경력	32년	지역	인천
분수	80화분	연 소득	1,500만 원

그림 3. 김광업님 난실

베란다 난실 점포 꾸미기

1. 햇빛이 밥이다-조도 조절 방법

난초는 다양한 요소들이 복합적으로 작용해 포도당을 만든다. 포도당이 난초의 생명을 유지하는 요소이기 때문이다. 포도당을 생성시키는 가장 큰 요소는 햇빛이다. 햇빛으로 광합성 작용이 원활하도록 해줘야 포도당을 많이 만들고 건강하게 자랄 수 있다. 그래서 난초는 포도당을 만들기 위해 해가 뜨는 시점부터 해가 질 때까지 열심히 일을 한다. 열심히 햇빛이 잎에 닿도록 해서 광합성을 하는 것이다. 그래야 건강하게 자라 새끼도 낳고 꽃도 피울 수 있다.

난초는 햇빛의 밝기(lux)에 따른 누적시간에 따라 광합성 양이 결정된다. 밝기는 6,000lux가 적당한데 하루에 7시간 정도를 꾸준히 잎에 비추도록 해줘야 한다. 시간이 부족하거나 빛의 밝기가 약하거나 너무 강하면 건강하게 자라기 어렵다.

그림 4. 정상 발육(좌)과 웃자란 난(우: 조도 부족으로 세포가 늘어남)

　　난초 잎은 상 표피에서 광합성을 수행하도록 돼 있다. 잎의 전면, 즉 햇빛이 90도 위에서 비춰야 광합성이 잘 이뤄진다. 베란다에서 건강하게 난초를 기르려면 빛이 잎에 비추는 각도를 잘 맞춰주는 것이 관건이다.

　　우리나라 아파트 베란다는 대부분 동향이나 남향이다. 그래서 햇빛이 잘 들어온다. 따사로운 햇빛이 베란다로 비춰 곰팡이를 없애고 빨래도 잘 마르게 한다. 하지만 아파트 베란다는 빛이 측면에서 비춘다. 측면에서 비추면 빛이 잎에 닿는 면적이 적어 밝기가 약해질 수밖에 없다.

　　중요한 것은 아파트 베란다에서 난초를 기르려면 최대한 바닥과 가깝게 돼야 한다는 점이다. 난대를 바닥에 둔다는 생각으로 해야 햇빛이 최대한

그림 5. 베란다에 설치된 보광등(전구형과 바형이 있는데 풀파장 등이 좋다)

난 잎 위에서 비춘다. 그럴 때 광합성이 잘 이뤄진다. 앞 동의 그림자나 조경수들의 방해가 없을수록 유리한 것도 이 때문이다.

베란다에서는 사계절 햇빛이 들어오는 각도가 달라진다. 베란다 방향이 동, 동남, 남, 남서 방향으로 배치돼 있는데 각 방향마다 햇빛이 들어오는 양과 각도도 제각각이다. 4계절 중 해가 높아지는 여름이면 햇빛은 아파트의 지붕 위에서 빛을 내려쫴 베란다로 들어오는 양이 적어진다. 겨울이면 해가 누워서 들어오니 조금은 형편이 나은 편이다. 동쪽 베란다는 오전 채광은 좋은데 오후 채광이 불리하다.

그래서 자신의 베란다에서 난초가 필요로 하는 만큼의 광합성을 해결해주는 환경 조성이 중요하다. 부족하면 반드시 LED 식물등이나 환경개선으로 부족분을 해결해주어야 성공으로 한 걸음 나아가게 된다.

LED 식물등을 설치하고 안정적인 조도를 맞추려면 세밀하게 관리해야

part 4. 베란다가 가장 좋은 점포다

한다. 하지만 이게 쉽지 않다. 난초 옆에 지켜 서서 조도를 맞출 수는 없기 때문이다. 그래도 걱정할 필요가 없다. 사물인터넷을 활용하면 되기 때문이다. 샤오미의 미홈(Mi Home) 앱과 게이트웨이를 활용하면 쉽게 조절이 가능하다.

베란다에서 난초가 광합성을 통해 포도당을 얼마만큼 만들어낼 수 있는지 계산이 돼야 한다. "농사는 하늘과의 동업"이라는 말이 있다. 광합성 양을 일컬어 하는 말이다. 난초를 사육하지 않고 진심으로 대해야 한다는 의미는 바로 이런 것을 계산해 환경을 조성해야 한다는 말이기도 하다. 이 점만 잘 해결해주면 이미 승부는 끝난 셈이다.

베란다의 창밖에서 난실로 들어오는 조도는 강할 때 40,000~60,000lux가 될 때도 있다. 이때 난초의 잎에 직접 쪼이면 화상을 심하게 입을 수 있으므로 주의해야 한다. 난 잎에 직접 닿는 빛은 최대 10,000lux를 넘기지 않

그림 6. 광저해를 받은 난초

도록 차광을 해야 한다. 차광은 마 커튼, 메시 원단, 블라인드 등으로 하면 된다. 조도의 세기에 따라 적절하게 차광을 조절해 6,000lux를 안정적으로 공급하도록 해야 난초가 잘 먹고 잘 자란다. 광저해(화상)의 피해도 사라진다.

2. 사물인터넷을 활용한 스마트 팜

난초도 스마트 팜(Smart Farm)으로 기를 수 있는 시대가 되었다. 스마트 팜이란 ICT(정보통신기술)를 스마트폰, PC를 통해 원격·자동으로 적용해 작물과 가축의 생육환경을 관리하는 농업이다. 근래는 많은 농장들이 인건비와 작황을 고려해 스마트 팜으로 급격히 전환되고 있다. 난초를 기르는 곳도 다르지 않다.

베란다에서 난초로 월 100만 원의 수익을 올리는 것도 IOT(사물인터넷)를 활용하면 편리하다. 사물인터넷(영어: Internet of Things의 약어)은 사물에 센서를 부착해 실시간으로 데이터를 인터넷으로 주고받는 기술이나 환경을 일컫는다. 난초가 잘 먹고 잘 자랄 수 있는 환경과 조건을 사물인터넷으로 관리하고 조절하는 것을 말한다. 난실의 작황에 도움이 되는 장치와 설비를 센서와 통신기능으로 연결해 사람 대신 농사를 짓도록 하는 것이다.

가장 편리한 방식은 샤오미의 미홈(Mi Home) 시스템으로 6,000~7,000lux가 되도록 해주는 것이다. 현재는 이 방식이 가장 효과적이라 소개하니 오해는 하지 말았으면 한다.

베란다에서 난을 기를 때 제일 어려운 점은 6,000lux를 연간 누적 2,500시간으로 제공하는 것이다. 베란다는 층수와 방향에 따라 햇빛이 비추는 시간이 달라 연간 누적 시간을 맞추기가 힘들다. 그러나 이제는 샤오미의 미홈(Mi Home) 시스템을 활용하면 2,500~3,000시간을 간편하게 해결할 수 있다. 그 과정을 설명해 둘 테니 필요에 따라 활용하면 좋다.

첫째, 준비물

1. 풀 파장의 식물 재배용 필립스 LED 전등을 구한다.

2. 개인 와이파이와 기기를 연동시키기 위한 공유기인 샤오미 게이트웨이, 3구 멀티탭, 스마트 플러그(Wi-Fi 버전), 조도 센서, 온습도 센서를 구입한다.(쿠팡이나 알리 익스프레스(Ali Express)를 이용하면 2~3주 사이에 배송됨)

둘째, 스마트 디바이스 사용 APP 연동(작동) 방법

1. 미홈(Mi Home) 앱 다운 – 구글 플레이스토어 또는 앱스토어.

2. 게이트웨이와 와이파이 연동 – MI 스마트 게이트웨이를 선택 후 페어링하여 와이파이와 연동.

3. 게이트웨이와 조도 온습도 센서 연동.

4. 미홈(Mi Home) 앱에서 스마트 플러그와 와이파이 연동 – 샤오미 멀티탭에 꽂고 와이파이와 연동 후 연결이 잘 되었는지 폰으로 점검 후 작동.

셋째, 조도 설정

1. 미홈(Mi Home) 앱 내 조도 센서를 클릭해 '난실등'으로 이름 변경.

2. Set time(셋 타임)을 클릭해 적용 시간을 아침 7시~오후 7시까지로 설정.

3. 세부 입력은 다음 그림처럼 하면 됨.

그림 7. 풀 파장의 식물 재배용 필립스 LED 전등

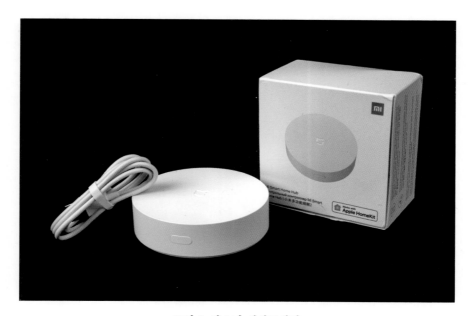

그림 8. 샤오미 게이트웨이

part 4. 베란다가 가장 좋은 점포다

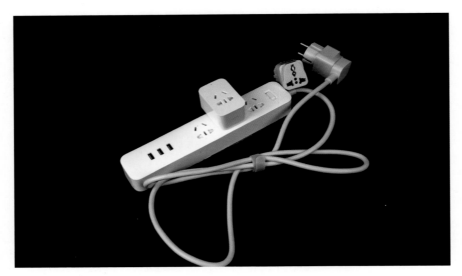

그림 9. 3구 멀티탭, 샤오미 스마트 플러그(Wi-Fi 버전)

그림 10. 온습도 센서(좌)와 조도 센서(우)

반려식물 난초 재테크

그림 11. 난실등 조도 설정의 예

위 내용을 간략하게 설명하면 다음과 같다.

1. 난대에 비치된 조도 센서가 실시간으로 조도를 측정한다.

2. 센서는 감지한 조도의 값을 실시간 게이트웨이로 전송한다.

3. 게이트웨이는 와이파이를 통해 미 홈(핸드폰 어플)으로 다시 전송한다.

4. 미 홈은 게이트웨이가 보내온 값을 토대로 사용자가 미 홈에서 미리 설정해놓은 6,000lux를 초과하면 전원을 OFF로 스마트 플러그에 지시해 소등하고, 모자라면 전원을 ON으로 스마트 플러그에 지시해 점등시켜 조도를 최대한 6,000lux 유지될 수 있게 한다.

3. 물도 밥이다 - 어떤 물이 좋을까?

물도 포도당을 만드는 중요한 재료이다. 햇빛이 정확하게 난초 잎에 닿아도 물이 없으면 난초는 살아갈 수 없다. 난초의 70~80%가 물로 구성되어 있기 때문이다. 난초는 물로 세포의 팽창과 압을 유지하며 세포 간의 상호작용을 통해 살아간다. 평생 증산 작용을 통해 신체를 유지하고 노폐물도 배출해가며 생명을 이어간다. 관수 시 분내의 공기를 순환시켜 뿌리로 신선한 공기를 마시도록 돕는다.

그림 12. 편리한 살수기(다까기) 설치

난초를 키우면서 초보자들은 수돗물을 그대로 난초에 줘도 되는지 궁금해한다. 답은 간단하다. 수돗물이 가장 좋다. 수돗물에는 질산성질소(NO_3-N), 아연(Zn), 철(Fe), 염소이온(Cl-1), 망간(Mn), 동(Cu), 철(Fe) 등이 함유되어 있다. 미네랄이 비교적 고르게 함유돼 있어 천연비료 역할도 해준다. pH7 중성에 가까워 양분 흡수에 도움이 되기에 최고이다. 지하수는 특정 성분이 과도하게 포함돼 있을 우려가 있으므로 적합도를 검사한 후 사용해야 한다.

급수장치는 물이 고르게 퍼져갈 수 있는 살수(撒水)기를 사용하면 된다. 물줄기가 너무 강한 살수기는 난초에 부담을 줄 수 있으므로 적합하지 않다. 필자는 다까끼 살수기를 사용하는데 편리하다. 베란다 길이에 따라 호스도 준비해야 한다.

4. 온도가 죽음과 성장을 결정한다

난초에게 온도는 죽음과 성장을 결정하는 중요한 요소다. 베란다 점포는 난초가 잘 자랄 수 있도록 최적의 온도 환경을 만들어줘야 한다. 그 이유는 다음과 같다.

첫째, 삶과 죽음을 결정하기 때문이다. 야생에서는 한겨울에도 거뜬히 버티고 살아간다. 부엽이 덮어주고 지열로 얼지 않게 해주기 때문이다. 하지만 베란다에서는 다르다. 적정한 온도를 맞춰주지 못하면 난초는 동해로 죽거나 동상을 입고 시름시름 앓다가 삶을 마감하는 경우가 생긴다. 반대로 난실 온도가 너무 올라가도 난초는 살기 어렵다.

둘째, 광합성에 적정한 온도가 있기 때문이다. 연구자들의 논문에 의하면 대체로 22~26도일 때 광합성이 왕성하게 일어난다고 한다. 성장이 왕성한 시기에는 이 온도를 유지시켜주어야 한다. 필자의 농장은 여름에 35도를 웃도는 날이 많아 혹서기간에는 에어컨을 사용해 26도로 낮추어준다.

셋째, 성장에 적정한 온도가 있기 때문이다. 세포 분열은 해뜨기 전 새벽에 일어나므로 야간 온도를 20~22도로 맞춰줘야 한다. 성장기인 6~8월에는 야간 기온이 너무 높거나 낮지 않도록 신경써야 한다. 온도를 맞춰주지 못하면 자라야 할 시기에 쑥쑥 자라지 못해 주인의 마음을 아프게 한다. 자녀들도 성장기에 잘 먹고 잘 자야 크지 않는가. 난초도 똑같다.

베란다에서는 창문이 좋은 온도조절 장치다. 온도에 따라 개폐에 신경쓰면서 적정한 온도를 맞추면 된다. 하지만 창문으로도 해결하지 못하는 경우도 있다. 혹한기가 되면 난실도 영하로 떨어지는 경우가 있다. 이때는 온열기를 사용해 밤 온도가 5~7도 이하로 떨어지지 않도록 해야 한다. 온풍기나 히터 등을 사용해 온도를 조절하면 된다. 요즘은 창호시스템이 잘돼 있어 온열기를 사용하지 않아도 문제가 없는 아파트 베란다가 많다. 거실 문을 열어두면 온도조절에는 큰 문제가 없다. 하지만 정전 등의 만일의 사태를 대비해 부탄가스 히터 난로를 준비해두어야 한다.

5. 난대와 통·환기, 습도조절 방법

난초가 살아갈 공간은 베란다이지만 그곳에서도 편안하게 안주할 곳이 필요하다. 이리저리 옮겨 다니지 않고 한 곳에서 편안하게 성장하고 쉴 수 있는 곳이 필요하다는 것이다. 그곳이 난대이다. 난대란 난분을 걸쳐놓는

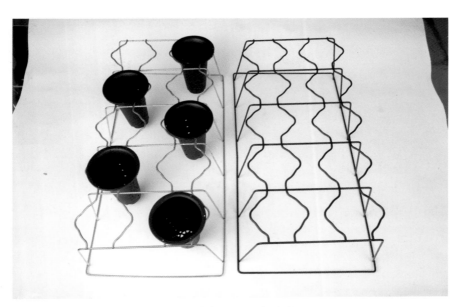

그림 13. 베란다에 적합한 10공구 난 걸이(좌 스텐/ 우 코팅)

걸이를 말한다.

　월 100만 원 수익을 생각하고 있다면 난초 화분 10개를 걸어놓을 수 있는 난 걸이 한두 개면 충분하다. 판매 성공률이 높은 난초 몇 화분만 있어도 수익 창출이 일어나므로 굳이 많은 난초를 기르지 않아도 된다. 햇빛이 난초의 잎에 잘 닿아서 포도당을 얼마나 만들어내느냐가 최고의 관건이므로 최대한 바닥으로 내려놓는 편이 유리하다. 그래서 베란다 바닥에 두고 기를 수 있는 난 걸이면 된다.

　난초를 기르면서 통풍이 중요하다고 이야기하는 사람이 많다. 하지만 난초를 깊이 연구한 사람들은 통풍은 의미가 없다고 말한다. 굳이 선풍기를 틀어놓지 않아도 잘 자란다는 의미다. 통풍 부족이 난초의 사망률에 직접적인 영향을 끼치지 않는다는 것이다.

그러나 환기는 매우 중요하다. 환기란 난실 안의 공기를 밖으로 빼내고 외부의 신선한 공기를 난실로 유입시키는 것을 말한다. 겨울철에는 추위 때문에 베란다 창을 꼭꼭 닫아두는 날이 많다. 이렇게 되면 곰팡이성 질환이 발생할 수 있다. 그래서 겨울이라도 주기적으로 환기를 해줘야 한다.

여름철도 다르지 않다. 낮과 밤에 환기를 제대로 해주면 곰팡이 질환을 예방할 수 있다. 이 문제를 해결할 더 근본적인 방법은 예방 방제와 적극적 치료이다. 감염된 난초를 들이지 않으면 환기로 인한 문제도 발생할 확률이 떨어진다.

난실의 습도는 여름철에는 별 문제가 없으나 겨울철에는 다소 주의가 필요하다. 바로 꽃 때문이다. 겨울철 주야로 70%에 맞추어주면 꽃의 포의가 신선해진다. 개화 시 꽃잎 세포 팽창이 좋아 꽃이 커지고 넓어져 상품성 있는 난초가 된다. 습도는 가정용 가습기를 설치해 70% 조건으로 작동시킨다.

6. 있으면 편리한 도구와 자재

건축현장이든 공장이든 공구와 장비가 일의 효율성을 높인다. 작업 특성에 맞는 장비와 공구가 구비되면 능률이 오르므로 다양한 도구들이 개발된다. 난초를 기르는 것도 다르지 않다. 난초를 기르는 데 적정한 도구가 있으면 편리하고 효율적으로 난초를 관리할 수 있다. 난초를 기르는 데 필요한 최소한의 도구를 말해줄 테니 구비해두면 유용할 것이다.

	도구 및 자재	종류 및 설명
1	배양토-난석	시판용 난석
2	화분-난분	플라스틱 화분 4~5호 사용
3	난대	철 코팅(스테인리스) 10공구 난 걸이
4	조도계	디지털 조도계
5	온/습도계	디지털 온/습도계
6	가위/핀셋	난초 전용 가위 난초 손질에 어울리는 핀셋
7	분무기	농약이나 영양비료 살포용
8	계량컵	농약이나 영양비료 적정비율 계량용
9	톱신페스트	수술한 자리 감염 방지 도포용
10	곰팡이 및 세균 치료약	오티바, 스포탁, 일품, 톱신페스트 등
11	밑비료와 웃비료	마감프-k, 하이포넥스

그림 14. 난석 소(1호), 중(2호), 대립(3호)

part 4. 베란다가 가장 좋은 점포다

그림 15. 플라스틱 난분

그림 16. 온습도계와 조도계

반려식물 난초 재테크

그림 17. 난 손질용 가위와 핀셋

그림 18. 고압 분무기 및 계량컵(좌 1L/ 우 2L)

part 4. 베란다가 가장 좋은 점포다

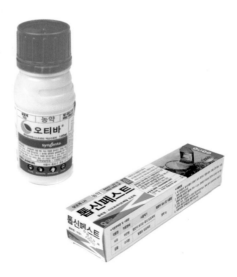

그림 19. 일품(세균 약), 오티바(곰팡이 약), 톱신페스트(상처 마감 도포제)

그림 20. 밑비료(마감프-K)와 웃비료(하이포넥스)

반려식물 난초 재테크

건강하게 잘 키워야
결과를 만든다

밥을 잘 먹여줘야 건강하게 자라요 - 밥 주기

난초의 밥은 복합적인 작용에 의해서 생성된다고 했다. 그 중에서도 가장 영향이 큰 부분은 광합성이다. 광합성은 포도당을 만들어내는 과정에 속한다. 난초가 새싹을 만드는 것도 포도당을 더 많이 가지고 싶어 하는 본능에 의해서다. 포도당이 난초의 생명이기 때문이다.

광합성은 몇 가지 조건이 맞아야 포도당을 원활하게 만들수 있다.

첫째, 햇빛의 밝기다. 야생에서 잘 자라는 곳이 약 3,500~4,000lux인데 필자는 6,000lux를 기준으로 한다. 조도가 3,000lux 이하로 가면 난초는 배가 고파진다. 그래서 하루 7시간 이상 연간 2,500시간을 목표로 농장을 운영하고 있다. 부족할 때는 난실을 정비하거나 보광자원인 LED 등을 사용해 부족분을 채워주면 된다.

둘째, 온도 조건이 좋아야 한다. 광합성에 좋은 적정 온도는 22~26도이다. 기온이 30도를 넘어가면 과호흡으로 포도당을 소모하므로 좋지 않다. 한여름이라도 필자는 에어컨을 사용해 주간 기온이 22~26도가 되도록 맞춰준다. 겨울에는 온도가 너무 낮아도 좋지 않아 주간에는 20~24도를 맞춰준다. 겨울에도 광합성을 충분하게 해서 봄에 건강한 촉을 생산해 낼 수 있는 것이다.

셋째, 포도당은 물 12개를 가지고 물 6개를 만드는 명반응[1]을 하므로 물이 충분하고 부족함 없이 난초 체내로 들어가도록 해야 한다. 물이 곧 포도당이 되는 셈이다. 그래서 필자는 여름철 물을 일주일에 5회쯤 공급하며 관수 시에는 매 화분마다 30초간 흠뻑 관수한다.

넷째, 엽록소 컨디션이 좋아야 한다. 춘란의 엽록소는 엽록체 속에 있는데 a(녹색-3분의 2)와 b(백색과 황색과 홍색-3분의 1)의 두 가지 타입으로 존재한다. 잎의 엽록체 내부에 존재하는 엽록소 a가 상당수 부족하거나 거의 없는 정도로 변이가 일어나면 중투, 산반, 서반, 호피반, 사피반들처럼 나타난다. 이들은 초록색인 민춘란(standard) 잎에 비해 포도당을 많이 만들지 못한다. 무늬가 나타난 부위의 엽록소 a의 상태가 나빠져 황색이나 백색으로 보이는 만큼 포도당을 잘 만들지 못해 근본적으로 불리할 수밖에 없다.

이 점을 알고 자신의 베란다에서 난초를 기르면 도움이 될 것이다. 그래서 엽예품은 무늬의 양이 너무 많지도 적지도 않은 황금 비율을 최고로 친다. 광합성 양이 많으면 사람이 돈을 잘 벌듯 난초는 튼튼해지고 삶이 풍요로워진다. 새로운 촉을 굵고 크게, 넓고 두텁게 만들어낸다. 포도당 벌이가 잘돼서 재미를 보니 더 잘살아보려는 욕심과 의욕이 생겨서다. 그래서 프로 농장주들은 광합성 양을 조금이라도 높이고자 모든 노력을 기울인다.

---

1 明反應 light reaction, 엽록소에 의해 흡수된 빛에너지가 화학에너지로 전환되는 과정

난초는 포도당을 만들기 위해서 하루 종일 일을 한다. 그리고 밤엔 양분의 배분과 세포분열을 한다. 24시간 쉴 틈이 없다. 이 많은 일을 하려면 에너지 소모가 많이 된다. 그래서 사람처럼 하루 세 끼 식사를 해야 한다. 한 끼는 여름 기준 24~28도 조건 하에 6,000lux 밝기로 잎에 전달받아 한 시간 반쯤 생산한 포도당을 소모하는 것으로 이해하면 될 듯하다. 하루 세 끼는 4.5시간이다.

최소한 이 정도는 돼야 배고픔이 없다. 거기에다 새로운 촉을 생산하고 꽃을 피우려면 상당한 저축도 필요하다. 그것을 충당시키기 위해 필자의 농장에서는 일일 7시간을 맞추려고 노력한다. 7시간을 1년으로 하면 2,550시간이 된다. 이걸 채우려고 필자는 오전 7시부터 9시까지, 이 시간대의 광합성 양에 매우 신경을 쓴다.

이 부분은 더 많은 연구가 필요하지만 이 정도는 돼야 충분히 잘 살고도 1등급을 쉽게 생산할 수 있다고 필자는 생각한다. 1,000lux 이하의 조도이거나 온도가 10도 이하면 광합성은 거의 일어나지 않는다고 한다. 하루 세 끼를 겨우 먹고살 정도의 광합성 양이면 저당 스트레스에 의해 한 촉이 나오면 한 촉이 죽어버리는 일이 초래되기도 한다. 세력을 잃고 작은 병에도 무너져 주인의 마음을 아프게 한다. 이런 일이 예측되면 빠르게 보조광원 장치로 부족한 빛을 채워주어야 한다.

필자의 난실 관유정에서는 여름 12시면 차양막을 삼층, 삼중으로 쳐서 5,000~7,000lux로 맞춘다. 온실 밖은 12~13만lux인데 삼중으로 하면 5,000~7,000lux가 된다. 4시 정도 되면 한 겹을 걷어주고 5시 정도가 되면 또 한 겹을 걷어주어야 5,000~7,000lux가 된다. 6시경이 돼 마지막 한 겹을 걷어주고 나면 곧 밤이 된다. 이튿날 6시에 조도는 5,000lux가 되며 9시경이 되면 조도가 높아지기 시작하므로 차양막을 한 겹 쳐서 6,000~7,000lux로 맞춘다. 조도가 2시를 향하면서 점점 높아지므로 11시경 한 겹을 더 쳐서 6,000~7,000lux로 맞춘다. 그리고 2시경 한 겹을 더 쳐서 6,000lux로 맞춘다.

이런 과정을 매일 반복한다. 그리고 제일 더울 때 물을 주어 난초의 체온을 낮추어 광합성 조건을 유리하게 만들고 호흡량을 줄여준다. '이렇게 복잡하면 어떻게 난초를 길러?'라고 의아해하는 사람들이 있다면 염려하지 마라. 필자는 전업 농부이고 여러분은 부업으로 접근하니 이렇게 요란스럽게 하지 않아도 충분히 잘 자란다.

만약 자신의 베란다 앞에 조경수가 있거나 건물이 가로막아 조도가 나오지 않으면 부업에 대해 심각하게 고민해야 한다. 양지 바른 곳으로 옮기든지 아니면 보조광원으로 알맞은 조도를 매일 맞춰줘야 한다. 난초가 배곯고서는 아무것도 이루어낼 수 없다.

그림 1. 아침밥을 먹고 있는 난초(좌, 오전 8시 8,000lux).
연철사로 잎을 벌려 광합성을 시키고 있음(우측의 난초를 좌측처럼 연철사로 벌려줌)

밥만 먹고 살 순 없잖아요 - 반찬 주기

난초는 밥도 잘 먹어야 하지만 반찬도 매우 중요하다. 반찬은 바로 미네랄(무기염류)이다. 미네랄을 영양소(비료)라고도 한다. 난초의 3대 영양원은 탄수화물, 지질, 단백질이다.

첫 번째로 중요한 탄수화물은 광합성으로 만든 포도당이다. 이 포도당과 뿌리를 통해 흡수된 무기물(비료분)을 혼합해 지질과 단백질을 합성한다. 이런 이유에서 4~5월 성장기일 때 뿌리를 적극적으로 만들어내 자라게 하는 세포분열을 한다. 세포분열이 잘돼야 난초는 잎이 커지고 뿌리가 굵어지며 세력 높은 촉을 생산하며 잘 자란다. 세포분열에는 골고루 된 반찬이 필요하다.

반찬에는 밑반찬과 웃반찬이 있다. 밑반찬이 부실하면 밥을 맛있게 먹을 수 없듯이 난초도 밑반찬을 잘 공급해주어야 한다. 밑반찬은 난초가 필요로 하는 주요 성분을 함유해야 하고 그것을 연중 안정적으로 공급해줄 수 있어야 한다. 밑반찬 역할을 하는 것은 마감프-K이다.

웃반찬은 제철에 한두 번씩 먹는 정도의 반찬을 말한다. 봄 산나물, 여름 삼계탕, 가을 갈치 등과 같다. 추가 반찬이라고 보면 된다. 이 역할을 하는 비료는 바로 하이포넥스라고 필자는 보고 있고, 실제 적극적으로 활용하고 있다.

밑반찬은 물을 줄 때마다 조금씩 녹아서 6개월에서 1년간 비료분이 매일같이 뿌리로 흡수되어야 한다. 세계적으로 가장 많이 사용하는 대표적 밑반찬은 마감프-K이다. 마감프-K에는 질소(N), 인(P), 칼륨(K), 마그네슘(Mg)이 6, 40, 6, 15%가 함유돼 있다. 마그네슘(Mg)은 엽록소 형성에 크게 관여하므로 꼭 필요한 비료이다. 관유정에서는 잎 1장에 마감프-K 대립 3~4개를 올려둔다.

난초에게 웃반찬은 액상으로 공급하는 하이포넥스를 많이 활용한다. 하이포넥스는 춘란과 궁합이 잘 맞는 최고의 비료이다. 웃반찬은 단백질을 가장 많이 필요로 하는 집중 성장기 때에 밑반찬으로 부족한 부분을 보완하는 역할을 한다. 난초가 원하는 만큼의 단백질을 못 만들 때 추가적으로 물에 녹여서 공급하는 것을 말한다.

웃반찬을 공급해서 튼실한 난초로 기르려면 공급 양과 횟수, 농도와 공급 방식을 맞추는 것이 필요하다. 많은 수의 부업농들 중 작황이 좋지 않은 농가들을 보면 공급 횟수는 좋은 데 비해 농도를 맞추지 못한 경우가 많다. 공급방식과 농도에 따라 난초 체내로 흡수되는 양이 달라지기 때문이다. 비료분은 물처럼 반드시 체내로 들어가 필요한 곳에서 아미노산이나 단백질을 만들어야 한다.

하이포넥스는 화분 내로 30초 직접 분사하거나 관주를 하면 된다. 엽면 시비는 흐린 날이나 비오는 날 하루 3~4회를 번갈아 잎의 뒷면과 앞면에 고압으로 분사해준다. 이때 농도는 1,000~1,500배이다. 필자는 난초가 건실 해 1,000배로 주기도 한다. 마감프-K는 연중 쉬지 않고 공급되어야 하고 웃 비료는 성장단계에 차등 공급해야 한다.

난초 영농은 건강한 세포의 수를 얼마만큼 만들어내는가의 게임이다. 세 포분열에는 여러 가지 요소의 비료분이 필요하다. 이 비료분을 야생에서는 부엽과 토양에서 공급받는다. 하지만 인공재배장인 베란다에서는 관수 시 물에 녹아서 뿌리를 통해 받아들인다. 난초가 필요로 하는 비료를 보면 질 소(N), 인(P), 칼륨(K), 마그네슘(Mg), 칼슘(Ca), 황(S)이다. 질소(N)는 잎 세포 의 엽록체를 만드는 데 관여한다. 인산(P)은 세포분열 시 핵산을 만들고 뿌 리를 튼튼하게 한다. 칼륨(K)은 뿌리의 발달과 기공의 개폐에 관여한다. 이 외의 비료분도 난초에게 꼭 필요하므로 밑반찬, 즉 밑비료를 성실하게 공급 해주어야 한다.

만약 비료가 난초 체내에서 부족하면 어떤 일이 일어날까? 난초는 기력 을 잃고 잎이 누르스름해진다. 신아는 가늘어지고 늙기 전에 노화가 일어난 다. 이뿐만이 아니다. 병충해에 견디는 힘도 약해지고 뿌리가 나빠지며 모 든 것이 불리해진다.

밑반찬과 웃반찬을 제때에 공급해주어야 난초는 맛있는 식사를 하고 건 강하게 자랄 수 있다. 주인의 입장이 아닌 난초의 입장에서 무엇을 어떻게 공급해야 하는지 잘 생각하고 주는 것이 필요하다. 주인이 차려주는 반찬에 따라 건강이 달라진다.

다음은 필자가 연중 웃비료를 주는 횟수이므로 참고하기 바란다.

웃비료 하이포넥스 연중 시비 횟수				
단계	월	난초의 성장단계	학교생활과 비교	주는 횟수
1단계	2~3	성장을 준비하는 단계	초등학교 이전	
2단계	4~5	성장을 시작하는 단계	초등학생	월1회
3단계	6~8	성장을 왕성히 하는 단계	중·고등학생	월2회
4단계	9~10	다 자라 어른이 되는 단계	대학생	월1회
5단계	11~1	다음 촉 생산을 준비하는 단계	결혼 적령기(성년)	

그림 2. 마감프-K와 하이포넥스

part 5. 건강하게 잘 키워야 결과를 만든다

식물은 물 주기 3년이라던데 – 물 주기

반려식물을 키우는 사람들이 힘들어하는 것 중 하나가 물주기다. 오죽하면 식물 키우는 데 '물 주기 3년'이라는 말이 회자될까. 그만큼 물 주는 일이 쉽지 않다는 것이다. 개업 선물로 받은 화분을 쉽게 죽이는 것은 물을 주는 주기를 잘 못 맞춘 경우가 대부분이다. 너무 오랫동안 물을 주지 않아 말라 죽이거나 뿌리가 썩어 들어가는 줄 모르고 물을 너무 많이 줘서 죽이는 경우다. 초보자들은 죽어가는 화분 속 식물들을 보며 "도대체 어떻게 물을 줘야 하느냐"고 하소연한다.

난초에도 물은 중요하다. 물이 곧 생명이기 때문이다. 물의 역할이나 필요성은 4장에서 충분히 설명했다. 여기서는 난초가 필요로 하는 물의 양과 어떻게 물을 주는 것이 효과적인지 설명하겠다.

난초 물을 어떻게 줘야 할지를 검색하거나 주변 선배들에게 물어보면 화분 위가 마르고 나서 주라고 하는 경우가 많다. 하지만 필자는 다르게 생각한다. 난초는 물이 마르기 전에 주어야 한다. 자주 주어도 상관없다. 난초에게는 뿌리가 썩어 들어가는 병에 걸리지 않는 한 과습은 존재하지 않기 때문이다. 필자는 물을 자주 주어서 전국에서 제일가는 품질 좋은 난초를 길러낸다. 만일 물을 주는 주기가 길어지면 수분부족으로 스트레스가 쌓이게 된다. 그러면 튼실하게 자라지 못하고 새로운 촉도 건강하게 나오지 않는다.

그럼 어떻게 물을 공급하는 것이 좋을까? 필자가 농장에서 실천하는 방식을 소개하겠다. 필자는 물을 줄 때 한 화분당 한 번 줄 때마다 30초 동안 흠뻑 준다. 물을 흠뻑 주다 보면 줄기 밑에 쌓여 있는 불순물이 씻겨 나가는 효과를 얻을 수 있다. 화분 내에 적체된 곰팡이 포자나 분생자를 배출하고 신선한 공기를 유입시킬 수도 있다. 또한 난석 위해 놓아둔 고형비료인 마감프-K의 영양분이 뿌리로 잘 스며들 수 있다. 필자는 20초는 분내 뿌리로 물을 집어넣는다는 느낌으로, 남은 10초는 벌브의 주변과 아래를 세척한다는 느낌으로 준다. 물의 세기가 너무 강한 것도 좋지 않다. 난초가 심하게 흔들려 위험할 수 있기에 그렇다.

급수용 살수기를 난초 잎 바로 위에 바짝 갖다 대고 물을 주는 것도 중요하다. 곰팡이 감염 때문이다. 물을 허공에 대고 뿌리면 난실내부 공기 중 곰팡이 포자나 분생자가 물에 묻어 난초 새싹으로 흘러들어간다. 병균이 물을 통해 난초로 옮겨가는 것이다. 그래서 화분에 바짝 갖다 대고 물을 주는 것이 중요하다. 한 번 더 강조하지만, 필자의 농장은 30초를 주어서 효과를 많이 보았다.

물을 줄 때는 난초와 대화를 하며 눈을 맞추는 것도 필요하다. 난초를 잘

그림 3. 수압은 중~중약으로 하라

그림 4. 고개를 숙여 난초를 보며 잎 바로 위에서 주라

part 5. 건강하게 잘 키워야 결과를 만든다

그림 5. 분 내부로 주라

반려식물 난초 재테크

살피면서 불편한 것은 없는지, 그간 별일이 없었는지 살펴야 한다. 물을 주면서 난초의 미세한 부분까지 살필 수 있으면 난초의 불편함이나 병을 미연에 방지하고 치료할 수 있다. 이전과 조금이라도 다른 점이 발견되면 전문가를 통해 문제를 해결해야 한다. 이런 노력을 기울이며 습관을 만들면 난초를 잃어버리는 우를 면할 수 있다.

수돗물을 주면 수온은 크게 걱정하지 않아도 된다. 겨울에 물을 준다고 해서 얼어 죽지 않는다. 필자의 난실 수돗물은 여름이면 23~24도, 1월이면 7도 정도이다. 난초가 탈이 날 정도의 수온은 아니다. 아파트 베란다에서 나오는 물도 난초에게 바로 주어도 괜찮을 수온으로 알고 있으니 염려하지 않아도 될 것 같다.

그럼 물을 주는 시간은 언제가 좋을까? 많은 사람들이 여름이면 새벽이나 저녁에 준다. 하지만 필자의 난실에서는 제일 더울 때인 오후 2~4시에 준다. 물로 뿌리 온도를 낮추고 잎 온도도 낮춰 에너지 소모를 줄이기 위해서다. 그러면 광합성도 잘된다.

비가 오는 날 물을 주어야 하나 말아야 하나 궁금한 분들도 있을 것이다. 화분 위 난석이 젖어 있는 것과 분내 중심부의 수분 함량과는 일치하지 않는다. 그래서 필자는 비가 오는 날도 물을 주어야 한다면 급수하는 것을 원칙으로 한다. 여름이면 일주일에 4~5회, 봄가을이면 일주일에 2~3회를 준다.

아프기 전에 예방주사 맞히기 – 예방약 주기

살다 보면 우리는 자잘한 병치레를 하게 된다. 계절에 찾아오는 독감에서부터 코로나19까지 무서운 병들이 우리 몸을 공격한다. 그래서 사람들은 미리미리 예방을 한다. 아프기 전에 예방주사를 맞고 병에 걸리지 않도록 노력한다. 어린 시절 맞아본 불주사나 각종 예방주사는 슬픈 기억을 떠올리게 하기도 한다.

난초도 다르지 않다. 난초도 기르다 보면 자잘한 병이 생기게 된다. 수년간 공들인 난초가 아파서 시름시름 앓거나 사망하게 되면 상실감은 말로 형언할 수 없다. 그래서 미리미리 예방을 해야 한다.

가장 좋은 예방은 튼튼한 난초를 구입해 들이는 것이다. 감염이 없고 건강한 난초만 베란다 난실에 있다면 예방약 주는 것은 신경쓰지 않아도 된다. 하지만 감염된 난초가 들어오면 그 난실은 병해에서 자유로울 수 없다. 건강하지 않은 난초를 들여오면 아무리 환경이 좋고 기르는 능력이 탁월해도 건강하게 자라기 힘들다. 그래서 건강한 난초가 무엇인지 알고 시작해야 한다.

건강한 난초는 먼저 아무런 병에 걸리지 않은 것이라야 한다. 잎과 뿌리에 감염된 곳이 없이 건강해야 한다. 그래서 난초를 구입할 때는 잎과 뿌리를 샅샅이 살피고 검토해야 한다. 뿌리는 반드시 화분을 부어 확인하고 선택하는 것도 중요하다. 파는 사람도 사는 사람도 뿌리를 확인시키고 확인하는 문화가 만들어져야 한다. 근래 이런 문화가 정착돼 다행이다. 판매 나온 난초를 길렀던 환경도 세밀하게 살필 필요가 있다. 환경에 따라 작황이 달라지기 때문이다. 불결한 환경, 난실 전체를 살펴 대체로 작황이 좋지 않은 곳의 난초는 들이지 않는 것이 현명하다.

두 번째는 구조적으로 문제가 없어야 한다. 잎과 뿌리의 비율인 T/R율이 80% 이상 돼야 한다. T는 Top(난초의 잎), R은 Root(뿌리)를 말한다. 잎과 뿌리의 비율이 좋아야 한다는 말이다. 뿌리는 검거나 갈색이 아니라 회백색이 돼야 한다. 뿌리의 굵기도 중요하며 뿌리 끝 분열 조직도 꼭 살펴야 한다.

대체로 건강하지 않은 난초는 정상적인 가격보다 싼 값에 판매되는 것이 많다. 옛말에 '싼 게 비지떡'이라는 말이 있다. 싼 값에 산 물건은 품질이 좋지 않다는 말이다. 난초의 세계에서도 이 말의 의미는 그대로 적용된다. 필자의 경험으로 비추어볼 때 정상적인 가격보다 아주 싼 것들은 대부분 문제가 있었다. 산에서 자란 난초를 채집해온 것에서도 감염이 된 경우가 많으니 주의가 필요하다.

또 하나는 난초에 예방주사를 제대로 맞히지 않아 탈이 나는 경우다. 예방을 게을리해서 난초의 건강을 해치는 경우가 있다는 것이다. 계절별로 나타나는 병들이 있으므로 작물보호제(일명 농약)를 활용해 미리미리 예방 주사를 맞히면 탈이 날 확률이 줄어든다. 초기 예방을 소홀히 하면 걷잡을 수 없는 일을 초래하고 만다.

난실 환경도 중요하다. 환기를 제대로 시켜주고 햇빛이 잘 들어올 수 있도록 해주는 행위가 바로 난초에게 예방주사를 맞히는 것과 같다.

난초 포기마다 간격도 신경써야 한다. 감염주가 가까이 있으면 감염될 확률이 높다. 설령 감염주가 베란다 난실에 있어도 안전거리가 확보되면 그나마 덜 위험하다.

물을 줄 때 고개를 들지 않고 난초와 눈을 마주치는 습관도 필요하다. 신

그림 6. 필수 안전거리를 유지해서 재배하면 좋다

촉에 눈을 맞추고 난초의 상태를 파악해 아픈 곳을 찾아내고 미세한 징후까지 포착해 병을 치료하면 된다.

잎에 나타나는 감염들은 육안으로 발견할 수 있지만 줄기에 발생하는 초기 감염은 발견하기가 어렵다. 이때 스케일링 기술로 병해를 예방해야 한다. 스케일링은 필자가 개발한 독보적인 기술로 20년 전 개발해 일본과 중국 그리고 미국으로도 확산되고 있다.

스케일링은 난석의 30%쯤을 부어내고 검진하는 것을 말한다. 신촉의 줄기나 뿌리가 잘 내리고 있는지, 줄기 주변에 이상 징후는 없는지 살피는 과정이다. 신아 성장이 모촉에 비해 30%쯤 자랐을 때 반드시 해주는 필수요

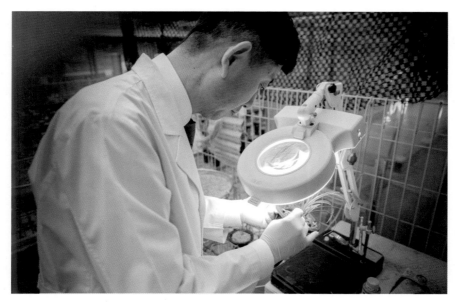

그림 7. 스케일링을 하고 있는 모습

소이기도 하다. 스케일링만 철저히 해주어도 난초의 사망률을 크게 감소시킬 수 있다.(한국춘란 가이드북 2권 231~235P 참조)

무엇보다 제일 중요한 예방은 영양상태가 좋고 건강하게 기르는 것이다. 그러려면 환경이 좋아야 한다. 세련된 기술도 있어야 한다. 이렇게 되면 있던 병도 스스로 해결하며 살아간다. 감염주가 옆에 있어도 무증상으로 지나가는 경우가 많다. 자가 면역체계가 굳건히 작동하고 있기 때문이다.

정기검진으로 미리미리 대비하기 - 분갈이하기

난초는 예방도 중요하지만 정기검진도 필요하다. 우리의 삶과 견주어보면 이해가 될 것이다. 예방주사를 맞아도 정기적인 건강검진을 받지 않는가. 건강검진으로 무서운 질병을 조기에 발견해 생명을 건지는 사람이 많다. 그래서 더욱 정기검진이 중요하다.

정기검진은 난초의 잎 끝부터 뿌리 끝까지 세밀하게 검증하는 과정을 말한다. 예방을 철저히 하고 정기검진까지 체계적으로 하면 난초가 탈이 날 확률은 현저히 떨어진다.

난초에게 있어서 정기검진은 분갈이를 말한다. 분갈이는 난초 분을 부어서 난석과 화분을 새것으로 바꾸는 것이다. 이 과정에서 난초 상태도 샅샅이 살펴 이상이 발견되면 즉시 조치를 취해야 한다.

분갈이로 난석을 주기적으로 교체해야 하는 이유는 뿌리의 건강 때문이다. 신촉이 자라면 여러 개의 뿌리가 생긴다. 그러면 자연스레 분내 난석은

그림 8. 2차 분갈이 전과 후의 분내 난석 밀도의 차이
2차 분갈이 전(좌), 2차 분갈이 후(우)

그림 9. 1차 분갈이는 신촉에서 발근되기 전에 실시(좌):
사진에는 발근이 시작되었으므로 시기를 놓친 것임,
2차 가을 분갈이는 신촉이 80% 성장해서 뿌리가 병목 지점을 지날 때 실시(우)

경화되고 밀도가 높아진다. 밀도가 높고 난석이 경화되면 뿌리를 내리는 데 상처가 날 수 있다. 필자는 이를 교육에서 염증반응이라고 하는데 이 상처로 세균이나 곰팡이균이 침투해 사망으로 몰아간다. 그래서 필자는 난석을 조금 부드러운 것을 섞어서 쓴다. 아주 무른 연질의 녹소토를 기존 시판중인 난석과 혼합해서 난초를 심는다. 그러면 뿌리를 내릴 때 부드러운 난석이 부서져 뿌리에 무리를 주지 않는다.

대체로 분갈이는 봄과 가을에 한 번씩 진행한다. 봄에는 신촉의 뿌리가 안전하게 내릴 수 있는 공간을 확보하기 위한 목적으로 실시한다. 뿌리 발달을 돕고 장해 요소를 제거하기 위한 목적이 크다. 신아가 표토 위로 뾰족이 내밀기 전에 실시한다고 하여 봄 분갈이라 한다.

두 번째 분갈이는 그해에 나온 새싹이 80%쯤 성장했을 때 실시한다. 이때가 보통 가을인 9월 전후가 된다. 80%쯤 성장했을 때 하는 이유는 새로운 뿌리가 내리면서 받은 장해를 발견하기 위해서다. 난분 아래로 60% 지점인 병목구간을 통과하면서 압력에 따른 상처가 생기지는 않았는지 꼼꼼하게 살펴 문제를 해결하기 위함이다. 결국 분갈이는 분내 환경 개선과 줄기(벌브)와 뿌리의 질병을 점검하고 치료하기 위한 목적을 가지고 있다.

자, 그럼 어떻게 분갈이를 실시하는지 그 과정을 살펴보자. 먼저 화분을 부어 뿌리를 살핀 후 뿌리에 코를 대고 냄새를 맡아보는 것이다. 이상 증세가 있는 뿌리는 겉으로는 아무렇지 않아도 역한 냄새가 난다. 냄새로 감염을 알아채는 것이다.

두 번째는 벌브 아래쪽과 뿌리를 수압을 강하게 하여 세척하는 것이다. 벌브 아래는 병균이 살기 적합하므로 강한 물로 깨끗하게 세척할 필요가 있다. 뿌리도 물을 강하게 하여 세척하면 감염된 곳이 나타난다. 이상이 발견되면 치료설계를 하여 완치시키면 된다. 초보자로 무슨 질병인지 검진이 어렵다면 주변에 전문가를 찾아가면 도움을 받을 수 있다.

세 번째는 뿌리가 내리는 방향을 살피는 것이다. 만약 신축이 자라는 곳에 뿌리가 걸쳐 있거나 방해한다면 알루미늄철사를 이용해 방해되는 뿌리를 묶어두어야 한다. 그래야 신아가 어떤 방해요소도 없이 위로 쑥쑥 자랄 수 있다.

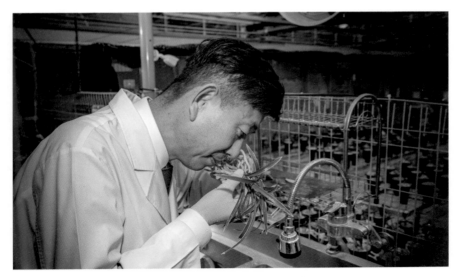

그림 10. 벌브와 뿌리 냄새 맡기

그림 11. 벌브 아래쪽을 강 수압으로 세척

part 5. 건강하게 잘 키워야 결과를 만든다

그림 12. 뿌리가 새싹의 방향을 간섭하는 모습과 철사 처리 후 모습
신근이 신촉을 간섭하고 있다(좌), 연철사로 묶어줌(우)

　새싹의 숫자 점검도 필요하다. 과도하게 많은 새싹이 붙어 있으면 세력을 위해 제거하는 것이 좋다. 새싹을 제거했을 때는 자른 곳에 감염이 일어나지 않도록 톱신페스트로 마감처리를 해야 한다.

　난초의 이상 유무를 확인했다면 이제는 깨끗한 화분에 새로운 난석으로 심으면 된다. 시판되는 난석 중 연질 함량이 다소 높은 것을 구해 깨끗이 뽀도독뽀도독 씻어서 심고 그 위에 마감프-K를 올려놓으면 분갈이는 끝이다. 마감프-K는 뿌리 위 위치에 잎 한 장당 3~4개 정도를 올려준다.

　난초를 심는 방법도 중요하므로 자세히 설명해보겠다. 심는 방법은 참으로 다양하다. 저마다 주장하는 바도 다르다. 필자는 화분을 크게 사용하고 조금은 헐렁하게 심는다. 난석도 연질을 더 추가해 섞어서 쓴다. 그 이유를 자세히 설명해보려 한다.

그림 13. 톱신페스트 사용하는 장면
분주면 톱신페스트 마감 후 검은색으로 말라붙어 굳어짐(좌), 분주면 톱신페스트 마감(우)

화분을 크게 쓰는 이유는 이렇다. 난초의 뿌리는 야생에서는 수평으로 뻗는다. 수평으로 뻗어가는 이유는 비료분을 충분히 구해오기 위함이다. 그런데 화분이 좁으면 밑으로 뻗어갈 수밖에 없어 물과 비료를 충분히 공급받을 수 없다. 그래서 필자는 화분을 크게 쓴다. 그래야 화분 안에서 수평으로 뿌리를 뻗어 물과 비료를 원활하게 공급받을 수 있다.

난초를 헐렁하게 심는 이유도 분명하다. 난초를 빽빽하고 꼼꼼하게 심으면 뿌리가 내려갈 때 상처가 날 확률이 높다. 굳게 자리 잡은 난석 사이를 비집고 뿌리를 내리다 보면 구부러진 곳에 상처가 생겨 감염이 일어나기 마

그림 14. 화분을 크게 사용하고 분벽에 붙여서 심은 모습

그림 15. 분을 털기 전의 뿌리 모습과 부은 후 뿌리의 모습
수평근 발달이 양호한 포기-분을 붙기 전(좌), 탈 분(우)

런이다. 그래서 필자는 헐렁하게 심고 연질의 녹소토를 더 추가해 섞어서 사용한다.

어떤 방법이 효과적인지는 그 사람의 난초 품질을 보면 알 수 있다. 난분을 작게 쓰고 촘촘하게 심었는데도 별 탈 없이 자란다면 그렇게 해도 된다. 하지만 문제가 자주 발생한다면 바꾸는 것이 좋을 것이다. 필자의 난은 우리나라에서 품질만큼은 손에 꼽을 정도로 좋다. 내가 주장하는 바가 아니라 필자 농장에서 난초를 사가는 소비자들이 이구동성으로 하는 말이다.

분갈이는 우리 인간의 건강검진과 같다. 자신도 모르게 숨겨진 병이 있는지 없는지 살피는 과정이다. 피 검사를 하고 내시경을 하면서 몸속 깊숙한 곳까지 살펴 건강한 삶을 꾸리려는 것처럼 난초에게도 그런 서비스를 제공해야 한다. 그러면 난초도 우리에게 많은 것으로 보상해줄 것이다. 이런 선순환 구조가 부업에 성공을 선물해준다.

그림 16. 관유정의 우동 뿌리와 시중의 라면 뿌리 모습

슬기로운 부업생활
실천 매뉴얼

어떤 유형으로 접근할지 전략을 세우고 시작하라

유행에 민감한 사람들이 있다. 그들은 옷부터 먹는 것, 사업까지 남들이 많이 한다고 하면 무턱대고 따라한다. 주식과 부동산으로 돈을 번 사람들이 많다고 하니 나도 해보면 그들처럼 잘될 것이라는 막연한 기대감으로 시작을 한다. 그러나 나만의 전략을 만들지 않으면 오래갈 수가 없다. 남들이 하라는 대로는 한계가 있다. 실패한 후 다른 사람에게 화살을 돌리면 무슨 소용이 있겠는가. 결국 나만의 포트폴리오를 만들고 체계적인 준비 후 덤벼야 성공할 수 있다. 모든 사업 투자의 최종 결정과 책임은 본인이 져야 하기에 전략을 세우는 일은 그 무엇보다 중요하다.

난초를 기르는 것에도 전략을 세워서 접근해야 한다. 막연한 기대는 아무런 결과도 만들지 못한다. 자신의 처지와 환경에 맞는 전략을 세운 후 시작해야 실패 확률을 줄일 수 있다. 품종과 가격대, 키울 화분 수, 출하 시기 등 어떻게 할 것인지 구체적인 계획을 세워서 시작해야 한다.

난초로 의미 있는 결과를 만들어보고 싶지만 초보자는 이 세계를 잘 모른다. 그래서 기간별 표준 메커니즘을 소개해주려고 한다. 물론 이 구조도 완벽한 건 아니다. 더 많은 경우의 수가 있다. 하지만 난초로 결과를 만들어 온 경험에 의하면 두 가지 타입이면 슬기로운 부업생활을 이어갈 수 있을 것이라고 생각한다.

영농 설계 메커니즘			
기간	기르는 개월 수	도입 등급	본전 회수
단기 속성형	7개월(4→10월)	1등급	그해 가을 2촉
일반형	19개월(4→이듬해 10월)	1등급 이하	이듬해 가을까지 2회 2촉

단기 속성형은 봄에 한 촉을 들여와 그해 가을까지 2모작으로 2촉을 생산해 생산된 2촉을 판매해 본전을 회수하는 것을 말한다. 이때는 반드시 상태가 좋은 1등급을 들여야 한다. 일반형은 1등급이 아니라도 좋다. 1촉을 들여와 이듬해 가을까지 매년 1번씩 1촉씩을 생산해 매년 가을에 1촉을 두 번에 걸쳐 출하해 19개월 후 본전을 회수하는 것을 말한다.

위 영농설계 메커니즘은 본전 회수 시점을 기준으로 설계된 방식이다. 단기 속성형은 초보자가 가장 손쉽게 가장 짧은 기간에 본전을 회수하고 다음 해부터 월 100만 원의 수익을 만들 수 있어 추천한다. 단 1등급을 구해야 한다는 조건이 따른다. 1등급은 구하기 어려우므로 차분한 마음으로 찾아야 한다. 2년생 미만의 1등급을 구하지 못했다면 2~3등급을 구하면 되지만 1년에 2모작은 쉽지 않다. 그래서 필자는 1등급이 구해지면 다행이지만 그렇지 못할 경우라면 저등급이라도 무병의 난초를 구입해 조금 더 길게 내다보고 시작하라고 권한다.

품종 설계 메커니즘				
구 분		품종 수	적합도	분수
집중형	똑똑한 한 촉	1	종합 1등	1분
분산형	100% 팔리는 두세 품종	2~3	종목별 1등	2~10분

성공 부업 전략에서 품종을 고르는 것은 주식에서 종목을 찍는 것처럼 매우 중요하다. 품종은 25개의 종목별 품종들이 수천 개가 있으나 주로 가장 인기 있는 10여 품종 범위에서 결정된다. 엽예 품종은 화예 품종보다 기르기가 대체로 까다롭다. 순수 부업을 원하면 무지 잎의 화예 품종이 효과적이며 오를 품종보다 안 내릴 품종이 더 안전하다고 조언해 준다. 품종을 정할 때는 전체 25개 종목 중 종목별 1위(예와 옵션 종합순위)가 좋고 국민들이 가장 선호하는 중심 종목인 황화에서 1~2위 품종을 들이면 안전하다.

2021년 가장 인기 있는 황금소는 황화에서 랭킹 1위이다. 이래서 2020년보다 값이 올랐다. 실제 1등급은 구할 수가 없을 지경이다. 천종은 화예에서 1위이자 엽예를 망라해 종합 1위이다. 그래서 인기가 많다. 이 순위는 매년 바뀔 수 있으니 참고만 하고 중요한 것은 그 시절의 최고를 구하는 것에 있다.

월 100만 원을 벌려면 3000만 원의 종자돈이 필요한데 필자 교육생들은 3,000만 원으로 천종 1촉을 사는 경우가 많다. 이를 집중형이라 한다. 분산형은 3,000만 원의 종자돈으로 2021년 기준 황금소 1등급 1촉씩 7개를 구해 기르는 것을 의미한다. 이들도 그해 2모작이면 7개월 아니면 19개월에 본전하고 19~30개월부터 매년 7촉씩 출하할 수 있다. 2021년 기준 황금소 2등급이 300만 원이니 시세 변동이 없다면 7촉 2,100만 원으로 월 100만 원은 손쉽게 만들어진다는 계산이 나온다. 이 또한 현재 상황을 예측해 설명한 것이다.

돈을 벌고 싶은 해의 1.5년 전에 시작하라

한국춘란은 농업이다. 농업은 근면, 성실, 기다림이 필수요소다. 하루 이틀 만에 결과가 나오지 않는다. 난초는 주식보다 펀드에 가깝고 예금보다는 적금에 가깝다. 벼농사처럼 일정 기간이 지나야 열매가 열린다. 종자를 뿌리고 수확까지 하려면 8단계를 거쳐야 한다.

1단계 종자 뿌리기, 2단계 발아시키기, 3단계 건강하게 키우기, 4단계 꽃 피우기, 5단계 수분시키기, 6단계 열매 맺기, 7단계 수확하기, 8단계 출하하기.

춘란으로 부업에 성공하려면 1촉의 종자를 들여와 3촉이 될 때까지 열심히 길러야 한다. 이게 기본 매뉴얼이다. 3촉은 빠르면 7개월, 보통은 20개월이 걸린다. 빠른 시일에 도달하려면 건강하고 튼실한 2년생 미만의 1등급을 들여서 과학적으로 길러야 한다. 1등급은 다른 등급에 비해 가격이 훨씬 비싸다.

3촉이 완성되면 2촉을 출하해 본전을 회수한다. 그러면 1촉이 남게 되는

데 이때부터 진정한 수익이 발생한다. 난초 부업은 단순하다. 1촉을 들여서 빨리 본전을 회수하고 남은 것으로 새끼 촉을 생산해 1촉씩 출하 해 돈을 버는 것이다.

월 100만 원을 벌려면 출하시점에 1촉에 1,200만원에 판매가 될 만큼을 생산하면 된다. 이런 이유에서 난초는 7~20개월의 시간이 흘러야 비로소 본전 후 1촉의 진정한 수익을 거둘 수 있다. 그리고 이 1촉이 이듬해 새끼를 쳐서 판매함으로 돈을 벌고 싶은 해의 20~32개월 전부터 시작하면 더 좋다.

또 하나 중요한 부분이 있다. 이 품종, 저 품종 한정식처럼 많은 가짓수를 기르기보다 전문점처럼 한두 품종만 기르는 것이 좋다. 과거에는 촉당 200~400만 원대의 난초 10여 개를 들여서 부업을 했다면 근래에는 2,000~4,000만 원대의 1~2개로 하는 추세다. 이른바 똑똑한 집 한 채인 셈이다.

난초로 부업에 성공하려면 취미로 접근하는 사람들과는 차별화돼야 한다. 난초의 장래를 통찰하고 미래 시장도 읽어야 한다. '이 난초면 되겠지'가 아니라 '왜 이 난초여야만 하는지'를 정확히 파악하고 있어야 한다. 품종이 세상에 알려진 시기, 그 품종이 어느 정도 시장에 풀려 있는지, 구매자들의 욕구와 수요도 파악이 돼야 한다. 이런 알짜배기 정보를 수집하고 알고 있어야 성공확률이 높다. 유행이 지나고 애란인 누구나 갖고 있는 품종이면 출하에 어려움을 겪을 수 있다.

난초로 원하는 결과를 만들려고 할 때 제일 선행되어야 하는 건 팔아야 할 시점에 반드시 팔려야 한다는 것이다. 그래서 옵션이 좋은 품종, 난인들이 키우고 싶어 하는 품종, 해외로 수출이 잘되는 품종, 시장에 촉수가 많이 없는 품종을 선택하는 것이 중요하다. 그러면 자신이 팔고 싶을 때 손쉽게 팔 수 있다.

그런데 이런 내용을 파악하지 않고 시작하는 사람들이 많다. '어떻게든 길러서 촉을 늘려놓으면 되겠지'라는 생각들이다. 이렇게 해서는 월급처럼 돈을 만들기 어렵다. 그래서 센스가 있는 사람들은 미리 판로를 개척한 후 시작한다. 판로가 있으면 탈이 나지 않게 건강하게만 기르면 된다.

종자를 구하고 선택할 때도 주의가 필요하다. 믿을 수 있는 농장, 믿을 수 있는 사람, 믿을 수 있는 품종을 들여야 한다는 것이다. 우리가 상품을 살 때 왜 메이커(maker)를 따지는지를 생각하면 이해가 쉬울 것이다. 품질 보증이 되고, A/S가 원활하며, 누가 봐도 믿어주고 좋은 제품이라고 인정해 주지 않는가.

난초도 다르지 않다. 난초를 구입할 때는 파는 사람이 누구인지, 파는 농장이 어디인지, 어떤 품종인지를 꼼꼼히 체크하고 선택해야 한다. 그 농장에서, 그 사람에게서 샀다는 말만으로도 믿음을 줄 수 있는 곳이라야 한다. 탈이 빈번한 곳이거나 검증되지 않는 곳에서 소중한 자산을 투입해 난초를 구입하면 후회의 나날을 보내야 할지도 모른다. 이건 정말 중요한 대목이다. 초보자 일수록 SNS 보다는 명망 있는 농장을 선택해야 더 안전하고 기왕 SNS라면 품질 보증이 되는 삼정난거래소가 안전하다.

난초는 3년이란 세월이 흘러야 뜸이 들고 밥이 된다. 맛있고 건강한 밥상을 차려놓으면 〈한국인의 밥상〉 같은 프로에서 방송을 해주고 지나가는 객도 들어와 맛보고 싶어 한다. 그런 난초를 길러야 재미있고 행복한 부업생활이 될 수 있다.

난초 세계의 성공비결, 15퍼센트 법칙을 이해하라

세상에는 성공 법칙이 존재한다. 자주 회자되는 말은 '1만 시간의 법칙'이다. 어떤 분야에 전문가가 되기 위해서는 최소한 1만 시간 정도의 훈련이 필요하다는 법칙이다. 1993년 미국 콜로라도 대학교 심리학자 앤더스 에릭슨이 연구한 논문에서 시작된 개념이다. 그는 바이올린으로 프로가 되느냐 아마추어가 되느냐의 차이는 연습시간에 있었다고 말한다. 세계적인 바이올린 연주자들의 연습시간이 평균 1만 시간 이상이었다는 것이다.

1만 시간이라고 하면 감이 잡히지 않을 것이다. 하루 3시간을 훈련한다고 치면 10년이 걸린다. 그래서 '10년의 법칙'으로 불리기도 한다. 10년 정도 노력하고 훈련해야 결과를 만들어낸다는 것이다. 많은 사람들이 1만 시간의 노력을 기울여 결과를 만들어낸 이야기는 책으로 많이 출간되었다. 하루 10시간씩 투자하면 3년이 걸린다.

그런데 난초 세계에서도 의미 있는 결과를 만들어내는 법칙이 존재한다.

필자가 30년간 프로무대에서 경험하며 얻은 법칙이다. 그것은 바로 '15퍼센트의 법칙'이다. 난초를 기르는 사람들 중 상위 15퍼센트 안에 들어야 성공적인 농부가 된다는 것이다. 15퍼센트에 들지 못하면 원하는 결과를 만들어내기 어렵다.

난초로 15퍼센트에 들어가는 방법은 의외로 간단하다. 집을 짓는 원리와 비슷하니 그 과정을 연결하면 이해가 쉽다.

첫째는 설계도가 있어야 한다.

둘째는 시공 능력이 있어야 한다.

셋째는 실수를 발견하고 해결하기 위해 감리가 필요하다.

난초 세계에도 자신의 처지와 환경에 어울리는 성공 플랜, 즉 설계도가 있어야 한다. 설계도는 기간별 표준 메커니즘으로 해결하면 된다.

두 번째는 배우고 익힌 기술을 실행할 수 있는 기술이 있어야 한다는 것이다. 죽이지 않고 건강하게 잘 키워내는 것을 말한다.

셋째는 만에 하나 잘못 이해하고 실수하고 있는 것을 발견하고 해결해줄 멘토(감독관)가 있어야 한다는 것이다. 우리 주변에는 실력이 출중한 난초 감독관들이 많다. 그분들을 찾아가 정중히 멘토가 돼줄 것을 부탁하라. 그리고 소중한 인연을 맺어가면서 배우고 익히고 조언을 받아들여라. 그러면 상위 15퍼센트 안에 들어갈 수 있다.

근래 우리 사회는 경제적으로 큰 폭등과 폭락을 경험했다. 대표적인 것이 IMF 경제위기, 서브프라임 모기지 사태다. 그 시절 한국 경제는 바닥을 쳤다. 난초 가격도 폭락했다. 자고 나면 난초 값이 떨어졌다. 당시 많은 사람들이 실의에 빠져 절망했다. 난초 곁을 떠난 사람들도 있었다. 하지만 그렇게 어려운 시절에도 15퍼센트 안에 든 농가들은 아무 일 없이 견뎌냈다. 85퍼센트는 늘 그래왔듯이 세상을 한탄하며 술잔을 기울이다 고배를 마시고 말았다.

그럼 15퍼센트 안에 든 농가와 그렇지 못한 농가의 차이는 무엇일까? 성공한 사람들은 기본이 탄탄한 예와 옵션을 갖춘 우량 품종들을 가지고 있었다. 그리고 건실하게 길러 뿌리 색상이 우윳빛이었다. 세력이 탄탄한 난초들이 즐비해 어려움을 극복할 수 있었다. 그렇지 못한 농가는 옵션이 탄탄한 것 대신 기대품, 산채품을 선호했다. 그 결과가 차이를 만들었다.

현재는 어중간한 무늬 종이나 색화, 색화 소심, 화형 색화, 복색 소심들은 설 자리가 없다. B급 주금소심은 A급 주금화보다 인기가 없다. 종목별 예(특성)가 98점 이상의 정확한 상위 1~5퍼센트에 들지 못하면 취미용으로 가고 만다. 그러니 확실하게 계산하고 확실한 품종을 들여 확실하고 건강하게 길러야 한다. 상위 10~15퍼센트 내의 품질, 상위 15퍼센트 안에 드는 경쟁력을 갖춘 농가가 돼야 승자가 될 수 있다.

필자는 23세에 70만 원으로 난초 세계에 발을 디디고 33년차 경력자가 되었다. 난초 세계에서 제법 성공한 케이스에 속한다. 이 모두는 15퍼센트 법칙을 훤히 꿰뚫고 있었기에 가능했다. 난초로 성공하면 평생이 즐겁다. 그러려면 남들과 같이 해서는 안 된다. 나만의 차별화된 방법을 찾아 노력해야 한다. 그러면 코로나 팬데믹을 거뜬히 이겨내며 부업에 성공할 수 있게 된다.

15%의 법칙(IMF, 서브프라임, 코로나)	
성공한 15%	실패한 85%
누구나 선호하고 시합에 나가면 상을 받는 품종만 골라 30~100촉을 압도적으로 잘 기른 분들만 성공했다.	취미와 영리 구분 없이 뛰어들었다.
	분수가 많아 유효 자본 분산이 심각했다.
	유효 종자를 들일 돈을 부대경비로 다 녹여버렸다.
	기대품 산채품 비중이 높았다
	값싼 불량품 애용 비율이 높았다
	품종을 선택할 때 옵션 평가가 아니고 귀동냥이었다.
	치밀한 영농 계획과 설계가 이루어지지 않았다.
	생산과 품질 관리 기술 교육이 이루어지지 않았다.
	너무 많이 죽이거나 탈을 초래했다.
	난실 환경이 아주 열악했다. (다단재배, 조도 부족, 순광합성량 부족 등)

부업에 성공하고 싶다면 이것을 기억하라

　부농의 길은 쉬우면서도 어렵다. 난초를 알고 건강하게 키울 기술이 준비되고 넉넉한 자본이 있으면 쉽다. 하지만 기술도 부족하고 여유자금도 없다면 막막할 것이다. 그래도 길은 있다. 목표가 있고 하고 싶은 일에는 방법이 보이고 하기 싫은 일에는 핑계가 보인다고 필리핀 속담에서 이야기하고 있지 않은가. 그러니 난초로 부업에 성공하는 길을 포기하지 않기를 바란다.

　부업에 성공하려면 옛날 어머니들이 시집살이하는 과정과 연결해 기억하면 좋다. 시집을 가서 그 집의 사람이 되려면 귀머거리로 3년, 벙어리로 3년, 장님으로 3년을 살라고 했다. 아무리 힘들어도 고통의 시간을 인내해야 그 집안의 살림살이를 맡을 수 있었다. 요즘 시대에는 맞지 않는 말이지만 난초를 길러 부업에 성공하려면 귀 기울여볼 만한 이야기다. 난초도 '귀머거리 3년, 벙어리 3년, 장님으로 3년'을 길러야 한다는 말이 있다. 그 의미는 이렇게 해석할 수 있다.

난계에는 저마다 난초에 대한 철학이 뚜렷한 사람이 많다. 자신의 방법이 최고라고 자부하며 오늘도 난초를 배양하며 자신의 방법이 곧 진리라는 식으로 이야기한다. 그런데 그 사람들의 난초를 보면 의미 있는 결과를 만들 수 없는 지경에 처한 것이 많다. 말은 그럴듯한데 현실은 참혹하다는 것이다. 반면에 난초로 의미 있는 결과를 만들어가고 있는 사람들은 별 말이 없다. 자기 삶의 터전에서 뚜벅뚜벅 오늘도 길을 걸어가고 있을 뿐이다.

난초로 성공하려면 주변 사람들의 이야기에 팔랑귀가 되지 말아야 한다. 난초는 누가 봐도 자연생이고 한국산이며 옵션이 탄탄한 품종을 들여 뿌리 건강하고 튼튼하게 기르면 된다. 그게 전부다. 다른 이야기들은 귀담아 들을 필요가 없다.

필자가 책을 통해 이런 말까지 전하는 이유는 성공한 사람들은 전체 난인 인구 중 15퍼센트에 불과하기 때문이다. 아마 초보자들이 만나는 대부분의 사람들은 난초로 의미 있는 결과를 만들지 못하고 있을 수 있기에 하는 말이다.

난초로 월급처럼 따박따박 돈을 버는 방법은 기간별 표준 메커니즘을 활용하면 얼마든지 가능하다. 이 방법에 성공하고 어느 정도 체계가 잡히면 다른 방식으로 수익을 창출할 수 있도록 눈을 돌리면 된다.

필자는 35만 원을 주고 구입한 3촉짜리 산반화 햇살로 아파트를 살 수 있었다. 품종은 좋은데 아직 빛을 보지 못한 난초를 발굴해 촉수를 늘려 출하하는 방식이었다. 이 세상에 나와 명품 반열에 오른 품종들은 대부분 누군가의 안목에 의해 만들어진 것이다. 그들은 그 난초로 명예와 부를 동시에 누리며 산다. 그래서 지금도 많은 사람들이 기대품과 산채품에 온 열정을 쏟아붓고 있다.

하지만 위 방법에는 많은 위험성이 도사리고 있으니 섣불리 도전하면 안 된다. 반드시 경험과 노하우가 축적되고 어느 정도 기술이 뒷받침돼야 가능한 시나리오다.

또 다른 하나 기억해야 할 점은 반드시 여윳돈으로 시작해야 한다는 점이다. 빚을 내거나 당장 써야 할 돈을 활용하면 마음이 초조해져서 3~4년을 기다리기 힘들다. 그러면 손해 보고 난초를 팔아야 하는 경우가 생긴다. 난초는 기다림이다. 진득하게 기다리려면 반드시 여유자금으로 시작해야 한다.

주식시장을 봐도 이해가 간다. 투자의 귀재 워런 버핏은 단기 투자를 거의 하지 않는다. 모든 주식을 장기적으로 투자해 수익을 만들어낸다. 전문가들은 주식을 사놓고 잊어버리고 살라고 조언한다. 하지만 빚을 내서 주식에 투자하면 그렇게 할 수 있겠는가. 날마다 주식 그래프를 보며 사고팔고를 반복하다 결국에는 좋지 않은 결과로 막을 내리는 경우가 많지 않은가.

난초도 다르지 않다. 여유자금이 아니면 마음이 초조해 난초를 들일 때 건강하고 품질 좋은 품종이 나타날 때까지 여유 있게 기다리지 못한다. 눈에 보이는 것에 현혹되고 뿌리도 보지 않고 옵션도 계산해보지 않고 덜컥 난초를 사게 된다. 그러면 난초 병 고치다가 세월 다 보내게 된다.

월 100만 원의 수익 창출은 목돈으로 접근하는 방식도 있지만, 품종은 좋으나 아직 뜨지 못한 저가의 난초로도 얼마든지 가능하다. 그래서 돈보다는 안목이며, 난초 기술이 필요하다는 것이다. 공부가 먼저라는 말이다. 그러면 좋은 품종을 알아보게 되고 그 품종을 들여서 삶 전체를 바꿀 수 있다.

필자는 원명으로 인생을 바꿨다. 태극선으로 우리 난계 전체가 20년을

그림 2. 햇살(산반화), 태극선(주금색 중투화), 보름달(원판 황화 소심)

먹고 살았다. 보름달은 25년이 되었는데 여전히 인기가 있다. 국내 시장의 킹메이커인 천종(자연생 중투화 부문 세계기록)과 용호상박인 최근의 신품종 동방불패(자연생 복륜화 부문 세계 신기록)는 앞으로 50년을 내다본다. 그러니 난초를 제대로 알고 공부하는 시간을 게을리 하지 말기를 부탁한다.

건강한 난초를 들이면 절반은 성공이다

한두 번쯤은 애지중지 키운 식물을 죽인 경험이 있을 것이다. 잘 길러보려고 굳은 의지로 자세히 살피고 애정을 쏟아도 말없이 죽어가는 식물을 보면 마음이 아프다. 식물이 말을 하거나 신음소리라도 내면 방법을 찾아보겠는데 말도 없이 조용히 삶을 마감해버리는 경우가 많다. 그러다 보니 식물은 잘 죽는다는 고정관념이 생겼다.

일반 독자들이 잘 죽는다고 생각하는 난초는 동양란이다. 열대 난초로 대만에서 생산된다. 대만은 우리나라와 기후가 많이 다르다. 대만을 떠나 우리나라로, 그리고 꽃집에서 수요처까지 배달되는 과정에서 99퍼센트는 심각한 질병에 감염되었거나 뿌리가 부러져 염증반응이 있고 T/R율이 맞지 않은 것이 많다. 그러니 잘 죽을 수밖에 없었고 많은 사람들의 생각에 좋지 않은 선입견을 형성시켰다.

이런 현상 때문에 난초도 다른 식물처럼 잘 죽는다고 생각해 미리 겁부터 내고 시작조차 꺼리는 사람들이 많다. 물론 난초를 키우다 보면 죽는 경우가 있지만 동양란처럼 죽지는 않는다. 관리를 제대로 하지 않는 특별한 경우가 아니면 어지간해서는 죽지 않는 게 난초다.

또한 다 죽어가는 난초도 심폐소생술처럼 살려내는 기술들이 대한민국에서는 존재한다. 의료기술뿐만 아니라 난초 기술도 세계적이라는 말이다. 죽어가는 고급난초가 난초 병원을 찾아 기적같이 생명을 되찾는 경우가 많다. 필자도 난 클리닉센터를 운영하는데 다 죽어가는 명품을 기적처럼 살려내서 주인에게 행복을 선물해준 적이 많다.

야생에서도 다르지 않다. 2021년 겨울, 전국이 꽁꽁 얼어붙는 혹한의 추위가 다가왔다. 많은 식물과 나무들이 죽음을 맞이하는 아픔을 겪었다. 물론 난초도 죽는 경우가 있지만 산을 올라보면 정말 많은 난초들이 새 생명을 이어가고 있다. 이처럼 생명력이 강한 것이 난초다.

잘 죽는 난초는 겉으로는 멀쩡하지만 속에 병이 있는 것들이다. 광합성이 잘 되지 않아 영양상태가 좋지 않은 것도 잘 죽는다. 병치레를 한 포기에서 분주한 것도 잘 죽는다. T/R율이 맞지 않고 시름시름 앓은 것들을 선택해 구입한 것도 얼마 못 가 생명을 마감하고 만다. 이런 난초가 잘 죽는다.

난초는 구입할 때가 부업 성패를 좌우한다. 옵션이 좋고 건강한 난초를 잘 들이기만 해도 이미 절반의 성공이다. 건강한 난초는 탈이 날 확률이 현저히 낮다. 물만 잘 주고 햇빛만 적절히 비추기만 해도 쑥쑥 자라 새끼까지 순풍순풍 잘 낳는다. 설령 병이 찾아와도 거뜬히 이겨내고 회복할 수 있다. 필자가 보기에 죽을 난초는 매매 시에 이미 운명적으로 결론이 나 있다고 본다. 잘 죽는다면 죽을 난초를 들였다는 것이다.

이 이치는 농사를 짓는 모든 것에 적용된다. 씨감자가 좋아야 좋은 감자를 수확하고 어미 소가 튼튼하고 종자가 좋아야 송아지도 건강하고 종자성을 인정받게 된다. 농사의 성공 요인은 뭐니 뭐니 해도 처음 들인 종자 목(전략 품종)에 달려 있다. 그에 따라 작황이 결정된다.

불량품들을 누가 사랴 하겠지만 현실은 잘 팔린다. 좋은 품종을 사고 싶지만 여력이 안 되면 위험하지만 잘 살릴 수 있다는 기대로 돈을 지불한다. 자신의 실력을 과신하고 사들인 경우도 많다. 물론 실력이 좋아 허약한 난초를 건강하게 기르는 사람들이 있지만 지극히 소수다. 아무리 실력이 좋아도 몸속에 불치병을 안고 있으면 어떤 기술로도 회복시킬 수 없다. 그런데도 과욕을 부리다 낭패를 본다. 초보자라면 어떤 일이 있어도 건강한 난초를 들이는 데 공을 들여야 한다.

다음은 정품 체크리스트다. 다음 항목에 저촉되는 것이면 자신의 난실에 들이지 않는 것이 현명하다. 괜히 자만하다가는 부업은 저 먼 나라의 이야기가 되고 만다.

난초를 들일 때 위 다섯 가지만 잘 확인하고 들여도 후회하는 일이 줄어든다. 난초로 의미 있는 결과를 만들려면 절대 죽이지 않아야 한다. 죽으면 모든 것이 허사다. 죽이지 않으려면 죽지 않을 난초를 들여오면 된다. 죽을 난초를 들여오면 결국 죽고 만다. 죽지 않을 난초를 고를 수 있는 기술과 안목을 기르는 것이 난초 부업에 성공하는 첫 번째 관문이자 최고의 관문인 셈이다.

정상품 체크리스트		
번호	항목	체크
1	유전자는 틀림없는가? (유전자 검사를 받아라!)	○ / ×
2	젊고 영양 상태는 좋은가? (연식과 잎 상태 확인-반드시 뿌리도 확인!)	○ / ×
3	정상재배품인가? (인큐 가온이나 호르몬제 처리 유무 확인!)	○ / ×
4	병에 걸려 고생한 적은 없는가? (이전 촉 건강상태와 감염 흔적 확인!)	○ / ×
5	품질 보증서를 끊어주는가? (탈이 날 경우 A/S 및 반품 가능한지 확인!)	○ / ×

그림 3. 반드시 분을 완전히 부어 뿌리 전체를 살핀 후 결정하라!

part 6. 슬기로운 부업생활 실천 매뉴얼

부업에 성공하는
난초 명장의 처방전

지란지기(知蘭知己)면 백전불태(百戰不殆)다

손자병법 모공편에는 '지피지기 백전불태(知彼知己 百戰不殆)'라는 말이 나온다. 자신과 상대방의 상황에 대하여 잘 알고 있으면 백번 싸워도 위태로울 것이 없다는 뜻이다. 필자는 이 말을 '지란지기(知蘭知己)면 백전불태(百戰不殆)'라는 말로 바꿔서 부업에 뛰어들려고 하는 분들에게 전하고 있다. 난을 알고 나를 알면 정말로 위태로울 일이 없기 때문이다.

난초로 부업에 성공하려면 전반적인 사항을 제대로 알고 시작해야 한다. 무턱대고 시작했다가는 낭패당하기 쉽다. 난초의 세계는 쉬우면서도 어렵다. 자연을 상대하는 것이기에 그렇다. 야생에서 자란 난초를 인간의 품속으로 가져와서 기르는 것이므로 '이것은 이러하다'라고 예측은 가능하지만 완전히 단언할 수는 없다. 그래서 제대로 공부하고 시작해야 한다. 잔소리처럼 들릴지 모르지만 이 말을 기억하는 것이 훗날 후회를 줄일 수 있다.

그럼 무엇을 제대로 알아야 할까?

첫째, 난초를 제대로 알아야 한다. 난초의 생리와 특성을 제대로 파악해야 한다. 난초는 무엇으로 살고 원하는 것이 무엇인지, 어떻게 해줘야 새끼를 잘 낳고 예쁜 꽃을 피우는지를 정확하게 꿰어야 한다. 적어도 이 책에 서술한 것 정도는 완전히 이해하고 시작해야 한다. 다른 책과 강의도 꼼꼼히 챙기며 뿌리 끝부터 잎 끝까지 완전히 알고 난 후 시작하면 좋다.

둘째, 자신의 기술 수준을 알아야 한다. 난초를 제대로 키울 수 있는 기본기가 탄탄하게 자리 잡도록 공부하고 훈련한 다음 시작해도 늦지 않다. 기본이 부족하고 잡기술에 의지하면 실패할 확률이 높다. 기본이 탄탄해야 응용기술이 생긴다. 현장에서는 예측하지 못할 일들이 수도 없이 발생할 수 있다. 이때 기본기술이 탄탄하면 현장에서 적용할 기술도 확장되고 탄탄해진다. 그러므로 기본기를 탄탄하게 형성시키는 공부가 돼야 한다.

셋째, 내 난실 환경을 알아야 한다. 난실 환경에 따라 적용되는 배양 기술이 다르므로 자신의 난실 특성을 파악해야 한다. 난초를 제대로 키울 수 있는 환경인지, 부족한 부분은 무엇인지 철저히 파악하고 보완해서 시작하는 것을 원칙으로 세워야 한다. 그래야 누가 와도 사갈 수 있는 튼튼하고 건강한 1등급 난초로 기를 수 있다.

넷째, 자기 자본과 원하는 수익의 정도를 알아야 한다. 어느 정도의 수익을 낼 부업일지 생각하고 접근하는 것이 좋다. 투자금액 정도, 자본 회수 시기, 정기적인 수익 창출 금액 및 시기를 설정한 후에 시작하길 권한다. 그러면 조급하지 않고 느긋하게 난초를 즐기면서 수익도 창출할 수 있다.

최소한 위 네 가지 정도는 철저히 준비하고 시작하면 어떤 위험이 다가와도 위태롭지 않을 수 있다.

SNS 정보와 사진을 온전히 믿지 마라

근래 소비 형태를 보면 거의 대부분이 온라인상에서 이뤄진다. 하다못해 생수도 온라인으로 산다. 밥도 온라인에서 결제하고 시켜먹는다. 오프라인 보다 온라인 시장이 훨씬 커졌고 앞으로는 더욱 영향이 커질 것이다. 그래 서인지 난초도 온라인에서 사고 파는 경우가 많아졌다. 사진 몇 장으로 정 보를 주고받으며 거래가 성사된다. 그런데 이로 인해 피해를 보는 사례가 참 많다.

한번은 〈난과 생활사〉에서 SNS상 인식도를 설문 조사했다. 안타깝게도 부정적인 의견이 훨씬 많았다. SNS상의 정보는 믿을 수 없다는 것이다. 또 검증되지 않은 정보도 확대 재생산되는 것에 대한 우려의 목소리가 컸다. "누구에게 좋은 꽃이 피었다더라"라는 검증되지 않은 소문이 피해자를 양 산한다는 것이다. 이 점은 주식 투자 현상과 비슷하다. "어떤 종목이 뜰 것 이다"라는 소문에 덜컥 거액을 투자해 깡통 찼다는 이야기는 많이도 들었다. 아이러니하게 지금도 "카더라" 정보로 주식을 투자하는 사람들이 있다. 난초 세계도 다르지 않다.

그럼 SNS상 난초가 왜 위험할까? 실물보다 왜곡될 수 있기 때문이다. 근래는 휴대폰 기술이 좋아 모두가 휴대폰 카메라로 사진을 찍고 거래한다. 그런데 각 회사 카메라마다 색을 감지하는 게 다르다. 황색 색화가 아닌데도 정말 좋은 황화로 보이기도 하고 홍화가 아닌데도 정말 멋진 홍화로 둔갑하기도 한다. 포토샵 처리도 마음만 먹으면 가능하다. 아주 작은 난초이지만 확대하면 큰 난초로 보이고, 단엽이 아닌데도 가까이서 최대한 확대하면 단엽처럼 보인다. 그래서 사진에 찍힌 것을 온전히 믿으면 안 된다는 것이다. 무늬종 중에는 후발색이 있는데 이런 점도 확인하기 어렵다.

SNS에는 검증되지 않은 수많은 사람들이 난초를 팔기도 한다. 어떤 농장과 환경에서 키우고 있는지 난초의 히스토리를 자세히 알 수 없다. A/S와 반품도 온전히 이루어지지 않는 부분이 있다. 물론 양심적으로 A/S는 물론이고 반품도 잘 해주는 사람들이 있지만 몇몇 때문에 시장질서가 파괴되고 있다. 그 몇몇 사람들을 만날 수 있으니 조심하라는 말이다. 난초를 그만둔 사람들의 사연을 들어보면 대부분 "속아서"라는 답변이 돌아온다. 물론 사는 사람 잘못도 있지만 양심을 속인 사람들 때문에 난초를 떠난 사람들이 있다는 것이다. '싼 게 비지떡'이라는 의미를 잘 기억하길 바란다.

SNS는 자신의 의도와 달리 난초를 왜곡시키는 경우가 있으니 반드시 난초를 구매하려면 실물 확인 후 결정하면 좋겠다. 또 믿을 수 있는 곳이 아니라 실제로 믿음이 있는 곳에서 구매할 것을 권한다. 그러면 반품과 A/S는 원활하게 진행할 수 있다.

필자는 위와 같은 이야기를 입이 닳도록 하고 다닌다. 그래도 여기저기서 피해를 봤다고 하소연한다. 안타깝다. 난초를 구입하고 돈을 지불하고 나면 본인이 책임을 져야 한다. 누가 대신 책임을 져주지 않는다. 그러니 모르면 사지 말아야 한다. SNS 정보와 사진을 온전히 믿지 마라. 한 번은 의심해보고 제대로 알고 제대로 된 난초를 제대로 된 농장에서 제대로 된 가격으로 구입하길 바란다.

새내기 부업농들은 이 품종들에 주목하라

부업으로 월 100만 원을 번다는 것은 쉽고도 어렵다. 이 책에 서술한 것을 지키며 나아가면 쉽다. 그렇지 않으면 어려운 길이 될 수도 있다. 난초로 의미 있는 결과를 만들어내는 길은 정말 다양하기 때문이다. 그 다양한 길 중 어떤 길로 들어서는지가 성패의 열쇠다.

잘 안 죽이고 건강하게 기를 수 있는 기술이 준비되었다면 그다음은 품종 선택이다. 품종 선택은 훗날 난초를 매매할 때 결정적인 역할을 한다. 건강하게 잘 길러도 시장에서 선택받지 못하면 허사다.

품종 선택의 문제는 누구도 확언해주기 어렵다. 자신이 공부하고 선택해야 한다. 물론 시장에서 인기 있고 1등가는 품종을 들이면 좋겠지만 자본과 여러 가지 여건이 종합적으로 맞아떨어져야 가능한 일이다. 그래서 난초 시장에서 인기를 누리고 있는 품종을 소개하려 한다. 어디까지나 통계에 의한 것이므로 오해는 금물이다. 이 통계는 2014년 6월에 문을 연 농산물유통공사(aT)에서 경매된 난초를 기준으로 했다.

다음은 지금까지 인기를 누렸던 품종들이다. 이 점을 참고해 소비자들이 어떤 품종과 계열의 난초에 관심을 갖고 있는지 살피며 품종을 선택하면 좋겠다.

계통	품종명	베이스	낙찰률	시가 대비
황화	원명	화형	90% 이상	70% 이상
	황금소	소심	90% 이상	70% 이상
주금화	동광	소심	90% 이상	70% 이상
	옥보	화형	90% 이상	70% 이상
홍화	대홍보	화형	90% 이상	70% 이상
	수사	standard	90% 이상	70% 이상
엽예	아가씨	standard	90% 이상	70% 이상
	사계	미엽	90% 이상	70% 이상

위의 8가지 품종은 한국 난 시장을 견인하는 품종들이다. 한 가지를 더 추가한다면 황화소심 보름달이다. 이 품종은 지금도 많은 인기를 누리고 있다.

그리고 근래에 시장을 압도적으로 주도하는 품종이 등장했는데, 필자가 명명한 '천종'이다. 천종은 이전부터 소문만 무성하다 2021년에 메이저 대회에서 산채 후 처음 꽃을 선보이며 세계적인 주목을 받았다. 당분간 천종에 필적할 만한 난초가 나오기는 어렵다고 회자될 정도로 멋진 난초다. 필자는 이 점을 주목해 2013년에 구입해 길렀고, 현재 관유정을 이끌어가고 있는 간판전략품종이 되었다. 그 뒤를 이을 원판 복륜화인 '동방불패'도 매우 위력적이다. 산채 복륜 미개화를 구해 기르다 꽃이 피었는데 환상적이다.

계통	품종명	베이스	무늬	잎 길이	데뷔 연도
줄무늬화	천종	두화	중투의 중투화	13~15cm	2021년
	동방불패	원판화	복륜의 복륜화	13~15cm	2025년 예정

갓 난초에 입문한 분이라면 자신의 난실, 기술 수준, 자금능력 등 실정에 맞게 시장을 압도하는 하나 둘, 많으면 서너 품종으로 접근하길 권한다. 그래야 승산이 있다는 사실을 다시 한 번 강조한다. 실제 필자도 전략 품종 수는 4~5가지뿐이다. 천종, 동방불패, 원명, 목성, 여울이다.

그림. 1 원명과 황금소

그림 2. 동광과 옥보

그림 3. 대홍보와 수사

그림 4. 아가씨와 사계

그림 5. 천종과 천종 꽃

part 7. 부업에 성공하는 난초 명장의 처방전

그림 6. 동방불패

보름달

철저히 검증한 후 난초를 들여라

우리는 몸이 아프거나 이상이 느껴지면 병원에 간다. 병원에 가면 의사는 먼저 견진(見診)을 한다. 겉으로 드러난 징후를 살펴 병의 근원을 파헤치려 한다. 그다음에는 문진(問診)이다. 여러 상황을 물어서 병의 원인을 찾는다. 외상이라면 촉진(觸診)으로 살피고 내상이라고 판단되면 청진(聽診)으로 이어진다. 소리를 듣는 것이다. 그래도 답을 찾지 못하면 검진(檢診)을 한다. X-Ray, 초음파, MRI까지 동원해 병을 밝히려고 한다.

난초 이야기를 하면서 뜬금없이 의사가 진찰하는 과정을 설명해서 의아하게 생각할 수 있다. 하지만 필자는 난초를 구입할 때도 의사가 환자를 진찰하는 것처럼 해야 한다고 강조한다. 부업농은 난초가 죽으면 안 되기 때문이다. 구입할 때 잘못된 난초를 사게 되면 답이 없다. 그래서 철저히 검증한 후 난초를 들여야 한다.

먼전 견진으로 난초를 살피고, 그다음 난초를 파는 주인에게 이것저것 문진해야 한다. 그다음은 후진(嗅診)을 해야 한다. 냄새를 맡아보라는 것이다. 곰팡이나 세균에 감염된 난초는 냄새가 나기 마련이다. 그다음에는 검진을 해야 한다. 난초 화분을 부어서 벌브와 뿌리를 세밀히 살펴야 한다. 난초가 탈이 나는 부분은 거의 벌브와 뿌리다. 이런 과정을 귀찮더라도 습관화시켜야 건강한 난초를 들일 수 있다.

그럼 화분을 부어서 어떤 부분을 살펴야 할까? 다음 체크리스트를 참고하여 꼼꼼하게 살펴야 한다.

뿌리 점검 체크리스트		
번호	항목	체크
1	뿌리에 검은 반점이나 갈색으로 변색된 곳은 없는가?	○ / ×
2	뿌리에 이상한 냄새는 없는가?	○ / ×
3	뿌리에 곰보 증상이 많거나 염증 반응이 생길 여지는 없는가?	○ / ×
4	뿌리에 부러지거나 찢어진 자리는 없는가?	○ / ×
5	뿌리 손질을 한 곳이 있다면 왜 했는지를 물어보았는가?	○ / ×
6	뿌리 끝 생장점은 깨끗하고 좋은가?	○ / ×
7	뿌리 수와 잎 장수는 일치하는가?	○ / ×
8	뿌리의 굵기나 길이가 나쁘진 않은가?	○ / ×
9	신촉의 뿌리는 잘 내리고 있는가?	○ / ×
10	촉마다 골고루 뿌리의 수가 맞는가?	○ / ×

그림 7. 뿌리 점검을 철저히 하면 죽을 난초는 들이지 않게 된다.

벌브(줄기) 점검 체크리스트		
번호	항목	체크
1	벌브 아래쪽에 검게 썩은 곳은 없는가?	○ / ×
2	벌브 색상은 정상인가?	○ / ×
3	벌브에서 이상한 냄새는 없는가?	○ / ×
4	액아와 새싹의 색상은 밝고 좋은가?	○ / ×
5	액아와 새싹의 수량은 적당한가?	○ / ×
6	액아나 새싹의 충실도는 괜찮은가?	○ / ×

정상의 벌브(구슬같이 생긴 줄기) 색상

그림 8. 벌브의 사이와 아래쪽이 깨끗해야 좋다. 벌브의 아래쪽은 늘 위험지역이다.

잎 점검 체크리스트		
번호	항목	체크
1	잎의 팽압은 정상인가?	○ / ×
2	잎의 기부에 얼룩덜룩한 흔적은 없는가?	○ / ×
3	잎 앞뒤로 작은 반점은 없는가?	○ / ×
4	잎의 초록색상이 탈색되지는 않았는가?	○ / ×
5	심하게 웃자라지는 않았는가?	○ / ×

그림 9. 신촉의 기부와 잎에 얼룩덜룩한 흔적 점검

part 7. 부업에 성공하는 난초 명장의 처방전

그림 10. 잎의 앞뒤 작은 반점 점검
잎의 앞면 점검(좌), 잎의 뒷면 점검(우)

그림 11. 웃자람 점검 - 가운데가 웃자란 난

난초 하나를 들이더라도 위 체크리스트를 꼼꼼하게 체크해 들이는 습관을 들여야 한다. 난초를 기르면서 죽이지 않고 탈이 나지 않도록 하기 위해서다.

난초가 판매 시장에 나온 경우는 다양하다. 건강하게 기르다 촉이 늘어나서 수익 창출을 위해 출하하는 경우가 제일 많다. 또 다른 하나는 난초에 이상이 생겨서 방출하려고 할 때다. 모촉에 이상이 생긴 난초의 자촉을 팔려고 내놓은 것이 있다는 말이다. 이런 난초를 선택하면 성공적인 부업은 없다. 그래서 견진, 문진, 후진, 검진을 해야 한다. 나아가 A/S와 환불, 반품 규정도 꼼꼼하게 챙겨야 한다.

새로운 난초가 자신의 난실로 들어오면 선제적으로 예방을 하는 것도 좋다. 필자는 스포탁 1000배에 10분 전신 침지를 한 번 하고 싶는다. 혹시 모를 병균을 미리 차단해 들여온 난초뿐만 아니라 자기 난실에 있는 난초도 보호할 수 있다.

옵션이 좋은 품종, 건강한 난초를 들여와 건강하게 키우면 돈은 저절로 벌린다. 그 중에서 가장 심혈을 기울여야 할 부분이 난초를 들일 때 철저히 검증하는 것이다. 그러면 후회할 일은 생기기 않는다.

병충해 공부 대신 난초 보는 안목을 길러라

난초 교육을 할 때 난인들이 가장 궁금해하는 것은 바로 병해(病害)이다. 난초에 나타나는 병과 그로 인해 나타나는 병징, 그것들을 어떻게 치료하고 해결할 것인지가 초미의 관심사다. 질문도 많고 문의도 끊이지 않는다. 하루가 멀다 하고 필자의 전화벨이 울리는 이유는 자신의 난초가 탈이 나서 걱정된다는 이야기다. 이런 현상이 나타나는 이유는 간단하다. 건강하지 않은 난초, 병든 난초를 구입해서 그렇다. 건강한 난초를 들이면 이런 고민을 할 이유가 없다.

필자는 한때 중고차를 타고 다녔다. 재정적인 이유 때문에 노후된 차를 구입해 타고 다녔는데 잦은 고장으로 마음고생을 했다. 수리비로 들어간 돈도 상당했다. 거의 정비사가 될 정도였다. 그런 경험을 한 후로는 중고차를 사지 않았다. 돈이 좀 부족해도 다양한 리스제도를 활용해 신차를 구입해 타고 다녔다. 그랬더니 고장 한 번 나지 않고 원하는 목적지까지 쌩쌩 잘도

달려주었다.

난초도 똑같다. 고장난 난초는 고친다고 새것이 되지 않는다. 살려냈다고 해서 감염된 난초가 정상이 된 것은 아니다. 탈이 없게 보일 뿐이다. 병을 치료하면서 허비한 저장양분으로는 다음 해에 건강한 촉을 만들어낼 수 없다. 한번 병균이 침투해 있으면 언제 재발할지 모른다. 재발하면 또 고쳐야 하고 고쳐놓으면 또 재발한다. 난초로 행복한 삶을 살아보겠다고 했으나 난초 때문에 마음고생, 몸고생하다 세월만 보내게 된다.

그래서 병충해 공부 대신 탈이 나지 않을 신차 같은 난초를 찾는 법을 공부해야 한다. 이런 난초를 발굴할 수 있는 안목을 높여야 한다. 그러면 난초 생활은 천국과 같을 것이다.

그림 12. 뿌리 감염이 심한 난초와 정상인 난초

아래는 필자가 개발한 난초의 등급표다. 1등급을 기준으로 가격이 책정된다. 그 기준을 익혀서 건강하고 병에 걸리지 않는 난초를 선택하길 바란다.

한국춘란 등급 기준표(정상 체장에 도달한 기준)								
	특상품		상품		중품		불량품	
등급	2+	1+	1	2	3	4	5	6
잎	8	7	6	5	4	3	2	1
뿌리	8	7	6	5	4	3	2	1
가격	140%/130만	120%/115만	100%/100만	80%/80만	65%/65만	50%/50만	40%/40만	30%/30만

여기서 등급이 낮다는 것은 병에 걸렸다는 것이 아니다. 세력이 좋지 않다는 의미다. 건강이 좋지 않다는 것이다. 병에 걸린 것과 건강하지 않은 것은 다르다. 건강하지 않으면 병에 걸릴 확률이 높다. 그래서 이왕이면 건강

그림 13. 4등급에서 1등급

한 것을 들여야 한다. 건강하지 않은 것을 들여와 1등급을 만들어낼 기술이 있으면 저렴한 비용으로 좋은 난초를 구입할 수 있는 장점이 있다. 다만 기술이 뒷받침돼야 가능한 이야기다. 이 점을 잘 기억해서 난초를 들이면 좋겠다.

난초를 공부해서 부업에 성공하고 싶다면 이왕이면 1등급 정도의 상품을 들이면 좋다. 그러면 병충해가 다가와도 넉넉히 이겨낼 수 있다. 코로나 상황만 봐도 이해할 수 있다. 건강한 사람은 코로나에 확진돼도 거뜬히 떨치고 일어나 일상생활에 복귀한다. 하지만 겉으로는 멀쩡해도 기저질환이 있으면 바이러스에 무너질 수 있다.

정상가에 비해 턱없이 싼 값의 난초, 지저분한 난실에서 자란 난초, 생산이력이 불투명한 난초, 뿌리가 건강하지 않은 난초는 한 번 더 생각하고 분석한 후 들이길 권한다. 건강한 난초를 들여야 정신도 마음도 건강해진다.

기대품 100개보다 확인된 벌브 하나가 승산 있다

난초는 크게 두 형태로 수익을 창출할 수 있다.

첫째는 옵션과 원예성이 검증된 난초, 즉 큰 대회에서 성적을 낸 명명품을 들여 증식해 수익을 창출하는 방식이다. 이 방법은 난초를 죽이지 않는 한 망하지 않는다. 설령 가격이 폭락해도 새끼 촉을 낳아 증식하면 본전은 회수할 수 있다. 옵션이 좋고 각 장르에서 1등한 난초 가격은 대체로 폭락하지 않는다. 가격이 서서히 내려갈 뿐이다. 해마다 생산된 난초가 시장에 나오니 당연한 이치다. 그래서 품종을 선택할 때 난초의 상력, 옵션, 히스토리를 제대로 알고 시작하는 것이 좋다. 언제 세상에 나왔고 얼마 정도가 시장에 있는지를 말이다.

두 번째는 가능성이 엿보이는 기대품을 들여 원예성 있는 난초로 만들어 출하하는 방식이다. 이건 그야말로 로또이다. 그런데 로또복권은 잘 맞지 않는다. 기대와 희망을 품고 복권방을 들락거리지만 바라는 일확천금은 기대로 끝난다. 난초도 다르지 않다. 그래서 필자는 기대품 100개보다 확인된 벌브 하나가 승산이 있다고 말한다. 벌브에서 새 촉이 나오면 그 가치를 인정받기 때문이다.

기대품은 대개 두화나 원판화를 기대하는 것들이다. 거기에 색상화나 줄무늬의 예까지 갖추고 있으면 그야말로 꿈의 난초다. 천종은 두화에 중투화이며 중투화 부문 세계에서 가장 우수한 품종이다. 이런 난초를 탄생시키려고 잎이 좋고 무늬가 잘 들어 있는 난초를 비싼 값에 사들여 키운다. 수십 년 전부터 현재까지 많은 사람들이 도전하고 있는 장르다.

필자도 그 꿈을 꾸다가 원판 복륜화 동방불패를 탄생시켰다. 이건 운이 아니다. 세계 최초로 복륜 전문점을 5년간 운영하면서 갈고 닦은 기술이 밑바탕되었기에 가능한 일이었다. 복권을 사는 것과는 차원이 다른 이야기다.

기대품을 하면 장점도 있다. 매주 복권을 사러 들어갈 때와 같다. '이번에는 당첨이 되겠지'라는 마음이다. 그 난초가 성장해 꽃을 달 때까지 수년을 기대에 부풀어 살아가는 것이다. 희망이 자신을 숨 쉬게 하지만 해피엔딩으로 끝나는 경우가 많지 않다. 많은 사람들이 기대품으로 실패의 쓴잔을 마셨다. 투자한 돈도 만만치 않다. 설령 두화가 핀다고 해도 봉심 등 옵션이 탄탄해야 인정받는다. 그런 꽃은 지금도 많지 않다. 기대품은 품종개발 전문 농장에서나 하는 일이다.

다음 그림의 좌측 난초는 두화를 피운 잎과 비슷한 점이 많기는 하나 두화가 쉽게 피지는 않는다. 어쩌다 두화가 핀다고 해도 월성처럼 꽃의 크기가 대륜이어야 하며, 봉심이 벌어지지 않고, 화근이 없고, 립스틱이 붉으며, 외삼판과 내삼판의 비율이 좋아야 한다. 꽃잎의 초록색이 밝고 빛을 내며,

그림 14. 두화를 기대하는 형태의 산채품(좌)과 우수한 두화 월성(우)

잎이 짧아 꽃과 조화를 이루어야 하는데, 이런 두화는 100개 중 1개 정도에 불과하다. 이 정도의 옵션을 갖추지 못한 두화는 시장이 선호하지 않는 게 현실이다.

필자는 부업에 뛰어든 분들에게 "확인된 벌브 하나가 입변 한 트럭보다 낫다"고 이야기해준다. 다소 논리적인 비약이 있기는 하지만 입변(두화를 기대할 만한 확률을 가진 특성의 잎 형태) 100포기를 500만 원에 구하느니 봉심이 붙고, 화근이 없고, 립스틱 색상이 좋고, 잎이 짧고, 만개 시 꽃의 표정이 밝고 예쁜 확인된 벌브 5만 원짜리 하나를 사서 틔우는 편이 더 낫다는 이야기다. 그게 더 확률이 높다. 돈을 벌려면 추론 능력을 바탕삼아 예측이 잘돼야 한다. 어떤 쪽이 확률이 높을지 곰곰이 생각해보길 바란다.

기대품은 정말 어렵다. 프로들도 기대품에서 정말 옵션을 갖추고 원예성 있는 난초를 만나기 어렵다. 난초 속은 난초만이 알고 있기 때문이다. 그래서 난초로 부업을 꿈꾸고 시작하려고 한다면 확인된 난초로 접근하라고 말해주고 싶다.

월	주요 발병	시기	관행 방제(예방) / 대한민국난문화진흥원
	난린이 연간 방제표		
1			• 병증이 없으면 예방을 하지 않아도 된다.
2			• 세균성 검은색 그을음 잎마름병 예방/일품 1,000배 잎 앞·뒷면 고압 살포
3	세균성 검은색 그을음 잎마름병		• 탄저·엽고병류 예방/델란 [보호살균용] 1,000배 잎 앞·뒷면 고압 살포
4	탄저·엽고병류		• 오티바 1,000배 살포 • 탄저·엽고병류 관행 예방 및 치료/오티바 1,000배 잎 앞·뒷면 고압 살포
5	탄저·엽고병류		• 역병 예방/프리엔 1,000배 잎 앞·뒷면 및 벌브까지 고압 살포
6	역병		• 세균성 연부병 관행 예방 및 초기 치료/일품 1,000배 신촉 기부 및 벌브 아래까지 고압 살포
7	연부병 (세균성)		• 신촉과 신촉 뿌리 갈색 부패병 관행 예방 및 초기 치료/스포탁 1,500배 잎 전체 및 분내 뿌리까지 골고루 고압 살포 또는 10분 침지
8	신촉과 신촉 뿌리 갈색 부패병		• 검은색 뿌리 썩음병 관행 예방 및 초기 치료/오티바 1,000배 분내 전체 뿌리에 골고루 살포 또는 20분 침지
9	검은색 뿌리 썩음병		• 작은뿌리파리·총채벌레 살충/타르보 2,000배 분내 전체 뿌리 및 신촉의 아래 부분까지 고압살포
10	작은뿌리파리·총채벌레		• 병증이 없으면 예방을 하지 않아도 된다.
11	병증이 없으면 통과		• 병증이 없으면 예방을 하지 않아도 된다.
12	병증이 없으면 통과		• 병증이 없으면 예방을 하지 않아도 된다.

* 주요 발병의 전달에 방제를 실시하면 된다.

월	월별 난초 관리표(대한민국난문화진흥원)
1	완연한 겨울! 야간온도 6~7℃, 주간 20~22℃, 관수 3일 1회 난실 환기를 오전에 철저히 하여 밤새 정체된 공기를 100% 난실 밖으로 빼낸다. 순광합성 양 증진 시기이므로 주간온도를 20~22℃ 유지시키고 오전 7~9시 사이의 광합성을 알뜰히 챙긴다. 노촉과 유묘는 야간온도를 20% 정도 높여야 생육이 좋으므로 9~10℃ 유지. 꽃이 붙어 있는 포기는 급수시간과 양을 조금 더 늘려준다.
2	한겨울! 야간온도 7~8℃, 주간 20~22℃, 관수 3일 1회 난실 환기를 오전에 철저히 하여 밤새 정체된 공기를 100% 난실 밖으로 빼낸다. 순광합성 양 증진 시기이므로 주간온도를 20~22℃ 유지시키고 오전 7~9시 사이의 광합성을 알뜰히 챙긴다. 노촉과 유묘는 야간온도를 20% 정도 높여야 생육이 좋으므로 9~10℃ 유지. 이젠 꽃을 움직여야 한다. 꽃에 온도를 가감해 화경 신장을 마쳐야 한다!
3	곧 봄! 야간온도 8~10℃, 주간 22~24℃, 관수 3일 1회 난실 환기를 오전에 철저히 하여 밤새 정체된 공기를 100% 난실 밖으로 빼낸다. 순광합성 양 증진 시기이므로 주간온도를 20~22℃ 유지시키고 오전 7~9시 사이의 광합성을 알뜰히 챙긴다. 꽃샘추위를 각별히 주의하고 주간온도는 냉해를 입지 않게 최저 20~22℃ 유지. 덜 자란 신아 포기는 야간온도 15~18℃로 맞추어 성장을 촉진시킴. 꽃을 피워 화경 굳히기를 하고 화경 철사를 제거한다. 1차(봄) 분갈이 실시. (모든 난초) 개화 주는 시합을 마치고 신속히 분갈이함.
4	완연한 봄! 야간온도 12~15℃, 주간 24~26℃, 관수 2일 1회 꽃샘추위를 각별히 주의하고 냉해를 입지 않게 최저 24~26℃ 유지.덜 자란 신아 포기는 야간온도 18~20℃로 맞추어 성장을 촉진시킴.야간온도 유지를 철저히 준수하고 주간온도도 냉해를 입지 않게 최저 24~26℃ 유지.신아의 생장이 시작되므로 하이포넥스 1,000배 관주 또는 30초간 분내 중압 살포 1회. 덜 자란 작년 측 가운데 잎(속장)의 2차 생장 도복을 철저히 관찰하여 철사로 고정해 조치한다.
5	여름 같은 봄! 야간온도 15~18℃ 이상, 주간 24~26℃, 관수 2일 1회 이상 저온에 따른 신아 발육 부진 주의, 냉해를 주의하고 2차 생장 도복은 철저히 대비함.덜 자란 신아 포기는 야간온도 18~20℃로 맞추어 성장을 촉진시킴.신아 성장이 왕성한 시기이므로 하이포넥스 1,000배 관주 또는 30초간 분내 중압 살포 1회.신아의 본 잎이 벌어져야 하는 시점이므로 신아 성장에 따라 야간온도에 신경을 써야 한다.신촉이 30~35% 생장에 도달한 포기부터 스케일링을 순차적으로 실시.

6	이젠 여름! 야간온도 18~20℃, 주간 26~28℃, 관수 1~2일 1회 신아 성장이 왕성한 시기이므로 하이포넥스 1,000배 관주 또는 30초간 분내 중압 살포 2회.주간온도가 30도가 넘으면 세력이 감소하므로 주의가 필요. 오전 7~9시 사이의 광합성을 알뜰히 챙겨 일일 순광합성 양을 높여준다.1차 화아분화 시기다. 개화를 하고자 하는 포기는 촉진 처리 및 수태 차광을 분화 전 미리 시킨다. 화아분화가 되지 않아야 하는 위험 포기는 억제 처리를 한다.
7	한여름! 야간온도 20~23℃, 주간 28~30℃, 관수 1~2일 1회 신아 성장이 왕성한 시기이므로 하이포넥스 1,000배 관주 또는 30초간 분내 중압 살포 2회. 오전 7~9시 사이의 광합성을 알뜰히 챙겨 일일 순광합성 양을 높여준다. 화아분화가 일어난 것들은 화통 처리를 한다. 고온에 따른 꽃의 유산을 주의한다. 2차 화아분화 시기다. 개화를 하고자 하는 포기는 촉진 처리 및 수태 차광을 분화 전 미리 시킨다. 고온에 순 광합성 양을 높이기 위해 오후 2~3시 관수를 하여 엽 온도를 낮춰준다.
8	곧 가을! 야간온도 20~23℃, 주간 28~30℃, 관수 1~2일 1회 2차 신아 성장이 왕성한 시기이므로 하이포넥스 1,000배 관주 또는 30초간 분내 중압 살포 1회. 신촉이 80% 성장에 도달한 포기 순으로 2차 분갈이 실시. 오전 7~9시 사이의 광합성을 알뜰히 챙겨 일일 순광합성 양을 높여준다. 순 광합성 양을 높이기 위해 오후 2~3시 관수를 하여 엽 온도를 낮춰준다.
9	가을! 야간온도 17~20℃, 주간 25~28℃, 관수 2일 1회 2모작 촉들이 올라온 포기는 하이포넥스 엽면 살포를 통해 성장을 촉진시킨다. 3년생 모촉을 분주해 신촉이 생길 수 있도록 분주를 하고 10월 출하를 준비한다. 모촉 출하 촉들은 하순에 분주해 신촉을 올릴 준비를 한다.
10	완연한 가을! 야간온도 13~17℃, 주간 22~25℃, 관수 2일 1회 2모작 촉들은 70~80% 성장한 것부터 순차적으로 분주해 출하시켜 원금의 40~50%를 회수한다. 전달 분주한 3년생 모촉에서 20%쯤 자란 1.2~1.3촉을 출하시켜 원금의 40~50%를 회수한다.봄에 나와 덜 자란 신촉이 있는 포기는 야간온도를 20℃로 유지해 성장을 촉진시켜야 한다. 금년 촉이 다 자란 포기는 잎 경화처리를 위해 조도를 20% 높여준다.
11	곧 겨울! 야간온도 10~13℃, 주간 20~22℃, 관수 3일 1회 순광합성 양 증진을 위해 광합성 주간온도 유지에 신경을 쓴다. 햇빛의 각도가 기울어지므로 주간 오전 10시까지는 1만lux까지 비추어도 무방하다.
12	겨울! 야간온도 8~10℃, 주간 20~22℃, 관수 3일 1회 난실 환기를 오전에 철저히 하여 밤새 정체된 공기를 100% 난실 밖으로 빼낸다. 순광합성 양 증진 시기이므로 주간온도를 20~22℃ 유지시키고 오전 7~9시 사이의 광합성을 알뜰히 챙긴다. 노촉과 유묘는 안전을 위해 야간온도를 살짝 높여 10~12℃ 유지.

부록

이대건 명장의 한국춘란 교육과정 소개

과정	시간(사전협의)	인원	교육장소	교육방법
난 관리사 2급 (부업농과정)	10주 토PM1:30~4시 (3, 6, 9, 12월 첫 주 개강)	15~20명	대구카톨릭대학	강의/실습
난 관리사 1급 (작가과정)	1일 9시~18시	1명	도시농업교육원	1:1 도제식
난 지도자과정	1일 9시~18시	1명	도시농업교육원	1:1 도제식
개인 도제식 강의	1일 9시~17시	1명 (가족 2명)	교육원 및 방문	1:1 도제식
농가컨설팅	연간 상시 9시~17시	1농가	농가방문	1:1 도제식

이대발 난 연구소 유전자 및 바이러스 검사

	소요 기간	조직 (잎 or 뿌리)	접수처
유전자 검사	10~14일	7cm	이대발 난 연구소
바이러스 검사	5~7일	7cm	이대발 난 연구소

클리닉센터 운영 과정

	소요 기간	과정	접수처
휴대폰 원격진료	15분 이내 가벼운 품종	상담 진단 처방 재발 방지 솔루션	010-3505-5577
내원 진료	사전예약	진단, 수술 및 당일 치료. 처방전	이대발 난 연구소
입원치료	3개월~1년	진단 입원 중·장기 치료	이대발 난 연구소
바이러스 소견	5분	내원 육안 검사	이대발 난 연구소

교육상담   이대발 난 연구소 : http : //www.nanacademy.co.kr

         이메일 : nanacademy@hanmail.net

         전화 : 010-3505-5577

접수처   대구시 수성구 청호로 72길

         이대발 난 연구소 : 053-766-5935

관유정(좌, 이대발난연구소) 대한민국난문화진흥원(우, 한국춘란도시농업교육원)

반려식물 난초 재테크

초판 1쇄 발행   2022년 2월 28일
초판 2쇄 발행   2024년 3월 15일

지 은 이   이대건
펴 낸 이   한승수
펴 낸 곳   티나

편   집   이상실
기   획   임재성
디 자 인   오주희 김민영
마 케 팅   박건원 김홍주

등록번호   제2016-000080호
등록일자   2016년 3월 11일
주   소   서울특별시 마포구 동교로27길 53 지남빌딩 309호
전   화   02 338 0084
팩   스   02 338 0087
메   일   moonchusa@naver.com

I S B N   979-11-88417-51-3 13520